DIE DEUTSCHEN MOPEDS DER WIRTSCHAFTSWUNDERZEIT

BRIGITTE PODSZUN

DIE DEUTSCHEN MOPEDS DER WIRTSCHAFTSWUNDERZEIT

TYPEN · TECHNIK · MARKEN

PODSZUN
MOTORBÜCHER

Verlag Podszun-Motorbücher
Bahnhofstraße 9, D-5790 Brilon
Herstellung: Druckhaus Cramer, Greven
ISBN 3-923448-31-7

Alle wesentlichen Marken der deutschen Mopedproduktion in den fünfziger Jahren bis etwa 1961 werden in Wort und Bild dargestellt, erläutert und illustriert durch technische Daten, zeitgenössische Fotos, Fotos restaurierter Maschinen und Inserate. Schwierig ist manchmal die typologische Abgrenzung, weil nicht nur Einzelteile und Rahmen, sondern oft komplette Mopeds als Fremdfabrikate erworben, aber als eigene ausgegeben wurden. Auch die enorme Typenvielfalt der einzelnen Hersteller, die schon damals Verwirrung stiftete, erschwert den Versuch der chronologisch korrekten Darstellung. Alle Daten sind aus Werksunterlagen, Prospekten, zeitgenössischer Literatur und vielen staatlichen und privaten Archiven zusammengetragen und so exakt wie möglich wiedergegeben. Sollten dennoch Fehler oder Ungenauigkeiten aufgetreten sein, was bei der manchmal widersprechenden Quellenlage möglich ist, so bittet die Verfasserin um Richtigstellung.

Inhaltsverzeichnis:

Einführung

Während der IFMA im Frühjahr 1953 wird das Moped aus der Taufe gehoben. Durch die Initiative des Verbandes der Fahrrad- und Motorradindustrie (VFM) entsteht das „Fahrzeug für alle", das aus der Wortzusammenstellung von Motor und Pedale jetzt eine einheitliche Bezeichnung erhält: Moped. Wen wundert es angesichts deutscher Gründlichkeit, daß auch gleich eine gesetzliche Anerkennung zur Stelle ist: Das Moped ist führerschein-, zulassungs- und steuerfrei, wenn es bestimmte Bedingungen erfüllt, zu denen vor allem die Begrenzung von Hubraum (50 ccm) und Gewicht (33 kg) gehören. Außerdem soll der Durchmesser des Hinterrades nicht weniger als 580 mm messen und die wirksame Länge der Tretkurbel mindestens 125 mm betragen. Verband, Industrie und Verbraucher sind froh, daß endlich klare Verhältnisse geschaffen sind. Der neue Fahrzeugtyp, der weitgehend die Eigenschaften des normalen Fahrrades beibehält und dem Fahrer lediglich die Mühe des Tretens abnimmt, verspricht ein riesiges Geschäft zu werden. Dem unglaublichen Aufstieg des Mopeds steht nichts mehr im Weg.

IFMA 1953

Der Ursprung der Idee vom motorisierten Fahrrad liegt allerdings viel weiter zurück, als man gemeinhin annimmt. In einer Fachschrift vom Januar 1888 findet sich ein Artikel, der dem Thema „Durch Motoren bewegte Fahrräder" gewidmet ist. Außer, daß die Dampfmaschine als Antrieb möglich sein müßte, werden keine konkreten technischen Vorstellungen entwickelt. Die Dampfmaschine aber wird in den Folgejahren mehr und mehr durch die Verbrennungskraftmaschine von den Straßen verdrängt. Sowohl die Motorenentwicklung als auch die Konstruktion der Zweiräder nehmen enorme Ausmaße an. Immer neue Patentanmeldungen gehen ein, und zu Beginn des zwanzigsten Jahrhunderts erscheinen Motor-Zweiräder mit Keilriemenantrieb, die ganz normale, teilweise leicht verstärkte Fahrradrahmen aufweisen. Der Motor liegt vor dem Steuerkopf oder im Rahmendreieck, Positionen also, die auch noch nach dem Zweiten Weltkrieg für Fahrräder mit Hilfsmotoren gültig sind. Ein Motorfahrrad mit Zweitaktmotor und Reibrollenantrieb auf das Vorderrad erscheint bereits 1903, und ein Jahr später gibt es schon das Progress-Motorfahrrad mit magnetelektrischer Zündung. Die „Motortasche" am Fahrrad, eine Schöpfung von Motosacoche, wird 1907 weltberühmt durch den zum Teil verkleideten Motor, der über dem Tretlager liegt, und wegen der für damaligen Geschmack großen Eleganz des Fahrzeugs, das nur 34 kg wiegt und bis zu 45 km/h bringt.

Nach dieser stürmischen Entwicklung setzt eine Pause ein, weil die stärkeren Motorräder an Bedeutung gewinnen. Erst in der Krisenzeit nach dem Ersten Weltkrieg nimmt die Nachfrage nach preiswerter und schnell zu verwirklichender Motorisierung wieder zu. 1921 bringt die Mofa GmbH in Wittenberg einen Viertakt-Hilfsmotor mit 1,3 PS, Vorderradantrieb, Leerlauf und Kupplung auf den Markt. Mit Kettenantrieb auf das Hinterrad funktioniert der Fahrrad-Hilfsmotor von Kirchheim in Magdeburg, der 1922 erscheint und anstelle des Gepäckträgers über dem Hinterrad angebracht wird. Im gleichen Jahr entstehen ähnliche Motoren, u.a. bei den Otto-Werken in München (Flottweg) oder bei DKW in Zschopau/Sachsen, und Opel bringt einen Einbaumotor, der neben dem Hinterrad montiert wird. In den dreißiger Jahren dominieren die Motorfahrräder, die schon als Mofas bezeichnet werden. Es sind Kleinstkrafträder mit einem Motor mit meistens 100 ccm ohne Kickstarter, der mit 3 PS eine Höchstgeschwindigkeit von etwa 60 km/h erreicht. Das besondere Merkmal der Mofas ist die Tretkurbel, die zum Starten, bei Steigungen und zum Bremsen benötigt wird. Das prominenteste Mofa, die NSU Quick, erscheint 1936 und wird noch nach dem Zweiten Weltkrieg gebaut.

Die direkten Vorfahren des Mopeds aber sind die Fahrräder mit Hilfsmotor, deren Entwicklung in der Krisenzeit nach dem Zweiten Weltkrieg einen Höhepunkt erreicht. Sie sind nicht nur die kleinsten Einheiten motorisierter Zweiräder, sie sind natürlich auch die billigsten und am schnellsten realisierbaren Kraftfahrzeuge. An Motorräder oder gar Autos ist in den Wirren der Nachkriegszeit kaum zu denken. Aber Fahrräder sind aufzutreiben, man kann sie ohne fremde Hilfe selbst instand setzen. Also müssen Einbaumotoren her, denn wie soll der Wiederaufbau ohne Mobilität jemals gelingen? Gefragt sind leistungsfähige Kleinstmotoren, die mit einem Hubraum von 18 bis 50 ccm und einer Leistung von 0,75 bis 1,5 PS auf den Markt kommen. Für die Unterbringung des Motors und die Kraftübertragung auf das Rad werden die verschiedensten Möglichkeiten geboten. Durch Reibrolle, Kette oder Keilriemen können sowohl das Hinterrad als auch das Vorderrad angetrieben werden. Auf die Dauer stellt sich jedoch heraus, daß das seit Jahrzehnten auskonstruierte Fahrrad wohl die menschliche Muskelleistung, nicht aber die fünf- bis sechsfache Leistung der Hilfsmotoren verkraften kann. Die Folge sind gerissene Speichen, ausgeschlagene Steuerlager, Rahmenschäden, Gabelbrüche usw. So werden die Hersteller veranlaßt, mit stärkeren Fahrgestellen und verschiedenen Zubehörteilen zu reagieren. Auch der VFM reagiert: Er setzt ein Preisausschreiben aus, bei dem ein neuer Name gesucht wird, der die nicht mehr zutreffende Bezeichnung „Fahrrad mit Hilfsmotor" ablösen soll. Gewinner ist die Süddeutsche Ilo, die mit der Einsendung „Moped" für den neuen Begriff sorgt.

So beginnt also 1953 der Bau von Mopeds, die stärkere Spezialrahmen, einfache Vorderradfederungen, 50-ccm-Motoren, Kupplungen und zwei Gänge aufweisen. Das Moped gewinnt schnell an Bedeutung, und bereits 1953 werden etwa 130.000 Mopeds hergestellt. Die Fahrradproduktion geht um dieselbe Stückzahl zurück. Die behördlich vorgeschriebene Gewichtsbegrenzung auf 33 kg erweist sich für stabile Mopeds als zu gering. Erst seitdem die Begrenzung aufgehoben ist, gibt es wirklich haltbare, leistungsfähige und verkehrssichere Mopeds mit guter Federung und ausreichenden Bremsen. Das Äußere wird immer ansprechender, höhere Stückzahlen bedingen zudem rationellere und deshalb preisgünstigere Fertigungsmethoden, und 1955 erreicht die Mopedproduktion ihren Höhepunkt: 779.145 Stück werden gebaut. 1956 sind es 618.649 Stück, und der Bestand an Mopeds in der Bundesrepublik beträgt etwa 2 Millionen. (Im Vergleich dazu: Motorräder 2,1 Millionen, Motorroller 0,3 Millionen.)

Die Qualität der Mopeds steigt. Dreiganggetriebe kommen hinzu, gute Vorder- und Hinterradfederungen, schnittigere Linien und farbenfreudige Lackierungen. Trotz der behördlichen Geschwindigkeitsbegrenzung auf 40 km/h fordert die Jugend sportlich aussehende Mopeds. Die Hersteller reagieren mit schnittigen, attraktiven „Angeber-Modellen" mit großem Satteltank. Auch Zweisitzer kommen auf den Markt. Nahezu zwangsläufig entsteht aus diesen Mopeds mit Pedalen das Kleinstkraftrad mit Kickstarter und Fußrasten, das „Mokick" genannt wird. Aber trotz aller Bemühungen der Industrie zeigt die Produktionskurve Ende der fünfziger Jahre nach unten. Der Nachholbedarf ist gedeckt, und die Zeitschrift „Das Moped" schreibt 1957: „Die Beruhigung auf dem Mopedmarkt ist keine Katastrophe, eine Bereinigung des Typenwirrwarrs mußte kommen." 1958 fällt die IFMA mangels Rentabilität für die Aussteller aus, und 1960 sind die meisten der in diesem Buch genannten Hersteller vom Markt verschwunden.

Per Anhalter in die Ferien (1955)

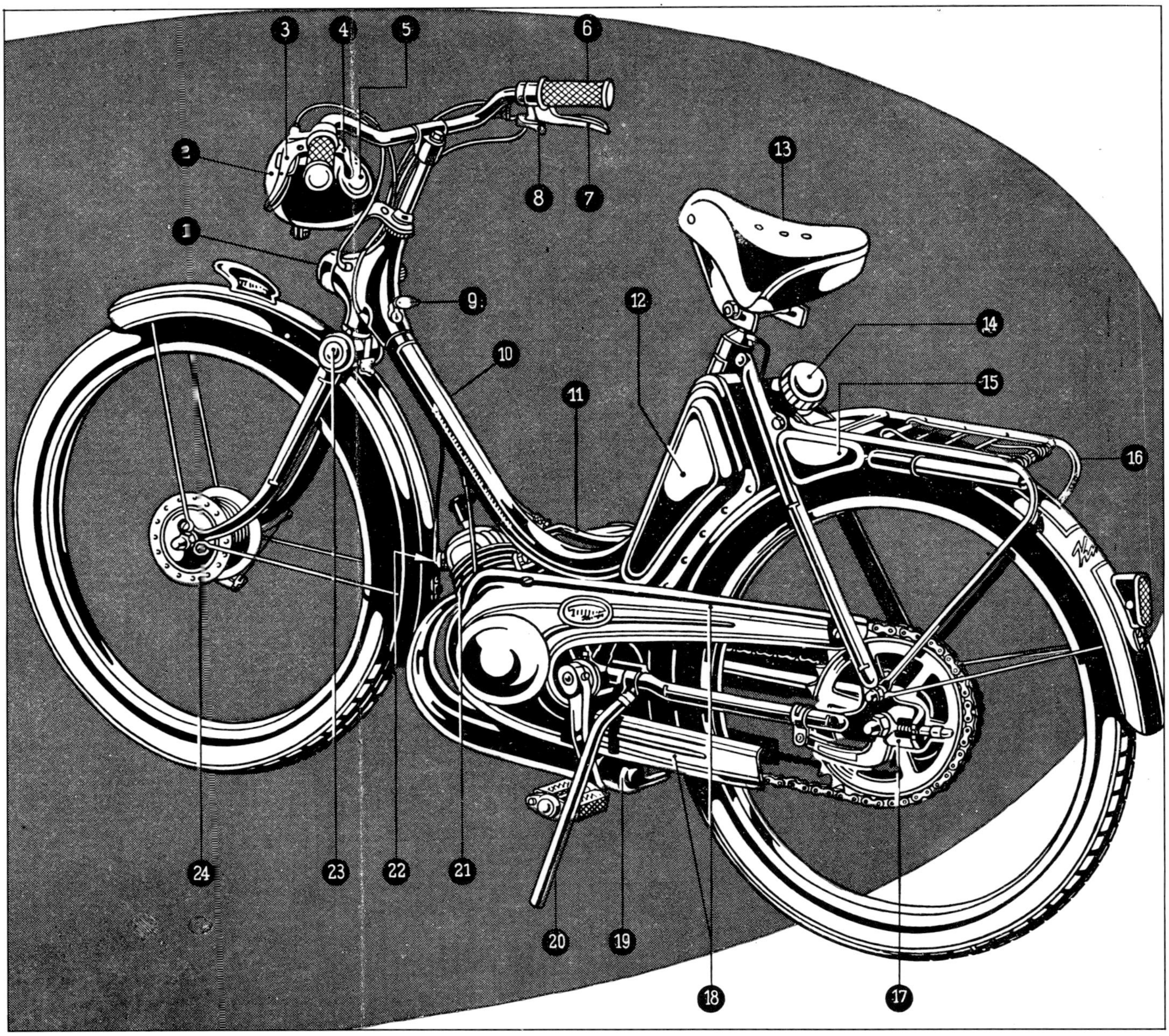

Aufbau des Mopeds am Beispiel der Triumph-Knirps:
1 Glocke, 2 Scheinwerfer, 3 Kupplungshebel mit Kupplungssperre, 4 Glockenhebel, 5 Einbaumöglichkeit für Tacho, 6 Gasdrehgriff, 7 Vorderradbremshebel, 8 Dekompressionshebel, 9 Diebstahlsicherung, 10 Rahmen, 11 Traggriff, 12 Kraftstoffbehälter mit Reservehahn, 13 Schwingsattel, 14 Einfüllöffnung, 15 Werkzeugbehälter, 16 Gepäckträger mit Luftpumpe, 17 Ausfallenden zum schnellen Ein- und Ausbau des Hinterrades, 18 Kettenschutz, 19 Auspuffanlage, 20 Kippständer, 21 Zweitaktmotor, 22 Dekompressionsventil, 23 Schwinggabelfederung, 24 Vollnabenbremse

ACHILLES

1894 in Böhmen: Auf selbstgefertigten Fahrrädern besuchen die Firmengründer A. Schneider und W. John ihre Kunden. Zu verkaufen haben sie Teile für Fahrräder, die sie eigenhändig an Schraubstock und Drehbank herstellen. Fahrräder haben Konjunktur, die Geschäfte gehen gut, und die aufstrebende Firma wird zunächst nur durch den ersten Weltkrieg und die damit verbundenen wirtschaftlichen Schwierigkeiten gebremst. Dann jedoch übernimmt Schneiders Schwiegersohn Ernst Weikert das Werk, das inzwischen auch Fahrräder, Mofas und Motorräder produziert. Es erfährt einen neuen Aufschwung. Mit ungewöhnlichem Schaffensdrang gelingt es Weikert, die Achilleswerke zu einem bedeutenden mittelständischen Unternehmen auszubauen, und als die Firma zum Ende des Zweiten Weltkriegs enteignet wird, sind dort 2.400 Mitarbeiter beschäftigt.

1948 beginnt der Wiederaufbau in Wilhelmshaven. Nach einem Jahr mühsamer Aufbauarbeit im zerstörten Nachkriegsdeutschland wird die soeben begonnene Fahrradproduktion durch einen verheerenden Brand gestoppt. Entmutigt ist man bei Achilles nicht: Das Werk wird wieder errichtet, und die 1950 eingegangene Verbindung mit Schweizer Konstrukteuren führt zur Produktion von recht erfolgreichen Motorrollern und Mopeds.

Moped A 7

ist der schlichte Name des ersten Achilles-Mopeds, das 1953 auf der IFMA vorgestellt wird. Es ist wahlweise mit Sachs-, Zündapp- oder Ilomotor erhältlich und fällt durch eine außergewöhnliche Rahmenkonstruktion auf: Ein langgezogener, völlig gerade geführter Preßstahl-Tankrahmen gibt dem Moped ein eigenwilliges, aber steifes Aussehen. Sowohl die Parallelogramm-Vorderradgabel als auch die Hinterrad-Schwinggabel sind mit doppelkegelförmigen, progressiven Federn ausgestattet. Anfang 1954 beginnt die Auslieferung des Mopeds A 7. Wegen der geringen Nachfrage entschließt man sich jedoch schnell zu durchgreifenden Änderungen. Eine neue, schnittige Rahmenkonstruktion wird entwickelt, und ein richtiger Name muß her: Capri!

Achilles Capri

Capri

Das neue Modell kommt gut an. Die geschlossene, glattflächige Form mit dem integrierten Scheinwerfer, die extrabreiten Kotflügel: rundum ein harmonisches Fahrzeug. Wie beim Vorgänger werden drei verschiedene Einbaumotoren angeboten. Der durchstiegsfreie Stahlblechrahmen in Preßschalenbauweise ist ausschließlich verschweißt. Der tragende Tank ist mit Reservehahn und Schauglas versehen. Die ebenfalls aus Stahlblech gepreßte Vordergabel verfügt über untenliegende kurze Schwingen, die auf je eine Feder wirken. Der Scheinwerfer ist verstellbar, verfügt über einen Abblendschalter und ist auf Wunsch mit eingebautem Tacho zu bekommen. Die Blankteile sind verchromt. Pumpe, Werkzeugbehälter mit Inhalt, Rückstrahlpedale, Signalglocke, Seitenstütze, Gepäckträger, Tragegriff, Rahmenschoner: alles inklusive! Aufpreis wird fällig bei Anschaffung eines Steckschlosses, eines elektrischen Horns und einer Zeituhr.

Achilles Capri 1955

Motor: Einzylinder-Zweitakt F&S, Bohrung 38, Hub 42, Verdichtung 1:6, Dauerleistung 1 PS bei 4000 U/min., Höchstdrehzahl 4100 U/min.

Vergaser: Bing 1/12/22 D 5[illegible]/ND 2,10/NS 3.

Elektrische Anlage: Bosch-Schwungradlichtmagnet 6 V 3 W, Kerze Bosch W 175 T 11, Gewinde M 14.

Getriebe und Antrieb: 2 Gänge, Drehgriffschaltung, Zweischeiben-Korklamellenkupplung, Sekundärkette 1/2 x 3/16, Abstufung 1:2,89:1,[illegible]7.

Rahmen: Preßstahlrahmen, vorn und hinten Schwinge.

Bereifung: v. 23 x 2,00, h. 23 x 2,00, Reifendruck v. 1,1 — h. 1,2, Steckachse vorne.

Bremsen: Pränafa / F&S, 90/90 mm ø.

Tankinhalt: 5 Ltr., Reserve 0,5 Ltr., Gemisch 1:25.

Verbrauch: Normverbrauch 1,5 Ltr./100 km, Straßenverbrauch 2 Ltr./100 km.

Abmessungen: Länge 1780 mm, Breite 600 mm, Höhe 950 mm, Radstand 1170 mm, Bodenfreiheit 120 mm, Gewicht 33 kg.

Preis: DM 578,—.

Steuer: frei.

Versicherung: DM 6,— p. J.

Capri Luxus

1955 bekommt die Capri einen feinen Bruder: Capri Luxus. Mit diesem Modell eröffnet sich für die Achilles-Werke ein Markt in fast allen europäischen Ländern. Die Produktion wird 1955 auf das Sechsfache gesteigert. In drei Farben wird die Luxus-Ausführung angeboten: capribeige (ohne Linierung), bordeauxrot und elfenbeinschwarz (mit beigefarbener Linierung). Als Motoren stehen Zündapp oder Ilo zur Wahl, jeweils Zweigang mit Kickstarter, luftgekühlt. Das Hinterrad hat eine Schutzblechverkleidung erhalten, und auch Motor und Kette sind besser „eingepackt". Die Sonderausstattung hat sich um Weißwandreifen erweitert.

Capri 1956

Keine Neuschöpfung, aber nochmals in einigen Details verbessert präsentieren die Wilhelmshavener ihr Moped zu Beginn des Jahres 1956. Beim Motor hat man nicht mehr die Auswahl: Achilles baut ausschließlich den Einzylinder-Zweitakt-Sachs-Motor ein (Pedalkickstart, beruhigte Ansaugluft). Der Stahlblechrahmen wird jetzt auf Tiefziehpressen und mit elektronisch gesteuerten Schweißanlagen gefertigt. Der Sattel hat eine weichere Federung bekommen und der Scheinwerfer einen Lichtschirm. Die gravierendste Neuerung: vier verschiedene Zweifarbenkombinationen und eine einfarbige stehen zur Auswahl. Am auffälligsten ist die „Rasparot-kokoscrem"-Version. Weitere Möglichkeiten: bronze-cognac, kongogrün-nilsand, bronze-beige.

Achilles Capri 1956

Motor: Einzylinder-Zweitakt F&S, Bohrung 38, Hub 42, Verdichtung 1:6, Dauerleistung 1 PS bei 4000 U/min., Höchstdrehzahl 4100 U/min.

Vergaser: Bing 1/12/22 D 56/ND 2,10/NS 3.

Elektrische Anlage: Bosch-Schwungradlichtmagnet 6 V 17 W, Kerze Bosch W 175 T 11, Gewinde M 14.

Getriebe und Antrieb: 2 Gänge, Drehgriffschaltung, Zweischeiben-Korklamellenkupplung, Sekundärkette 1/2 x 3/16, Abstufung 1:2,89:1,77.

Rahmen: Preßstahlrahmen, vorn Schwinge, hinten Teleskopfederung.

Bereifung: v. 23 x 2,00, h. 23 x 2,00, Reifendruck v. 1,1 — h. 1,2.

Bremsen: Pränafa / F&S, 90/90 mm ø.

Tankinhalt: 5 Ltr., Reserve 0,5 Ltr., Gemisch 1:25.

Verbrauch: Normverbrauch 1,5 Ltr./100 km, Straßenverbrauch 2 Ltr./100 km.

Abmessungen: Länge 1820 mm, Breite 640 mm, Höhe 950 mm, Radstand 1170 mm, Bodenfreiheit 120 mm, Gewicht 40 kg.

Preis: DM 627,—.
Aufpreis für Hinterradfederung DM 12,—, für zweifarbige Karosse DM 8,—.

Steuer: frei.

Versicherung: DM 16,— p. J.

Lido

Im Oktober 1956 ist bei Achilles eine eigenwillige Neuschöpfung fällig. Die Lido wird erstmals auf der IFMA gezeigt und erregt großes Interesse. Nicht übertrieben sportlich, aber doch mit sportlicher Note, zählt das neue Modell gleich zu den rassigsten und modernsten Maschinen. Die hervorstechendsten Merkmale: Der Lenker verfügt über eigens entwickelte Innenzugdrehgriffe und gestattet ein vorzügliches Bedienen der Lenkerarmaturen. Kabelgewirr entfällt. Das Armaturenbrett in Schalenbauweise ist für Tachometer und Zeituhr ausgebildet. Eine gelungene Konstruktion ist der eigenwillig geformte Gepäckträger, der über einen eingebauten verschließbaren Werkzeugkasten verfügt und statt des Sattels auch eine Sitzbank aufnehmen kann. Die Motorabdeckung ist fast revolutionär. Bis über die Teleskopgabel des Hinterrades ist der Motor mit einem Chromgitter verschalt. Diese zwar wuchtige, aber trotzdem schnittig wirkende Abdeckung prägt das positive Gesamtbild. Der Chromgitterkorb gewährt trotz starker Verkleidung des Motors ein bequemes Herankommen an die Zündkerzen. Die Super-Ballonreifen sind mit verchromten, gepunzten Felgen ausgerüstet.

Die Lido, „das Moped der Zukunft", wie es in der Werbung heißt, hat keine Zukunft. Es wird nicht mal

Achilles Capri Luxus

Achilles Lido

ein ganzes Jahr lang gebaut, weil die Achilleswerke 1957 zusammenbrechen. Die Gründe dafür sind heute nicht mehr vollständig aufzuzeigen. Fest steht jedoch, daß die Firma Mitte der fünfziger Jahre kräftig investierte und modernste Fertigungsanlagen anschaffte. Die kurze Zeit später einsetzende Absatzflaute für Zweiräder kommt für Achilles somit zu früh: Die Investitionen haben sich nicht rechtzeitig amortisieren können. Die Anlagen werden von einer englischen Firma aufgekauft. Abschließend bleibt festzuhalten, daß die eigenwilligen Mopeds und auch der Sport-Roller durchaus einen Platz in der weiteren Zweiradgeschichte der Bundesrepublik verdient gehabt hätten.

Achilles Lido — 1957

Motor: Einzylinder-Zweitakt Sachs, Bohrung 38, Hub 42, Verdichtung 1:6, Dauerleistung 1 PS bei 4100 U/min., Höchstdrehzahl 5500 U/min.

Vergaser: Bing 1/12/22 D 56/ND 1517/NS 3.

Elektrische Anlage: Bosch-Schwungradlichtmagnet 6 V 17 W, Kerze Bosch W 190 M 11 S, Gewinde M 14.

Getriebe und Antrieb: 3 Gänge, Drehgriffschaltung, Zweischeiben-Korklamellenkupplung, Sekundärkette 1/2 x 3/16, Abstufung 1:34,8:21,2:14,1.

Rahmen: Preßstahlrahmen, vorn Schwinge, Schwinge mit Federbeinen hinten.

Bereifung: v. 23 x 2,00, h. 23 x 2,00, Reifendruck v. 1,1 — h. 1,2.

Bremsen: Vollnabenbr., 90/90 mm ø.

Tankinhalt: 5 Ltr., Reserve 0,5 Ltr., Gemisch 1:25.

Verbrauch: Normverbrauch 1,5 Ltr./100 km, Straßenverbrauch 2 Ltr./100 km.

Abmessungen: Länge 1820 mm, Breite 640 mm, Höhe 950 mm, Radstand 1170 mm, Bodenfreiheit 120 mm, Gewicht 40 kg.

Preis: DM 695,—.
Aufpreis für zweifarbige Karosse DM 8,—.

Steuer: frei.

Versicherung: DM 16,— p. J.

achilles

Achilles-Werke West GmbH
Wilhelmshaven-Langewerth

Sportroller Moped Fahrräder

Fernruf: Wilhelmshaven 4530/4532/5975
Telegramme: Achilleswerke Wilhelmshaven
Fernschreiber 025369
Empfangsstation für Bahnsendungen: Wilhelmshaven, Hauptbahnhof

Herrn
Ober-Ing. St.M. Zentzytzki
VDI/MPC

Berlin-Dahlem
Selchowstr. 4

Ihr Zeichen — Unser Zeichen Geo/Ks. — Wilhelmshaven-Langewerth, 29. 9. 1956

Sehr geehrter Herr Zentzytzki!

Wir danken Ihnen für Ihre Postkarte vom 26.9.1956, mit der Sie um Übersendung geeigneten Text- und Bildmaterials zur Veröffentlichung anläßlich der IFMA baten.

In der Anlage übersenden wir Ihnen unseren Pressebericht über unser neues Moped "LIDO", das wir auf der IFMA zeigen werden. Ebenfalls fügen wir eine Bildserie über dieses Moped bei.

Wir danken Ihnen für Ihre Absicht, unser Erzeugnis redaktionell zu würdigen, und erwarten mit Interesse Ihre weiteren Nachrichten.

Mit freundlicher Empfehlung
ACHILLES-WERKE WEST GMBH
Vertriebsleitung

(Georgiades)

Anl.:
1 Pressebericht LIDO
1 Bildserie LIDO

RB-Nr. 0/0421/8914 Bankverbindung: Oldenburgische Landesbank, Wilhelmshaven; Bremer Bank, Bremen; Commerz- und Discontobank, Wilhelmshaven
Postscheckkonto: Hannover 81841 und Frankfurt (Main) 40952
Vertreterbesuche Dienstag bis Donnerstag 9 bis 12 Uhr

ADI

Die Firma ADI-Fahrzeugbau in Berlin-Neukölln ist bekannt durch ihre kleinen Dreiradwagen. Ende 1954 erscheint dort das erste Moped. Es ist mit dem Zweitakt-Ilo-Motor ausgerüstet, verfügt über 1,7 PS, zwei Gänge und verbraucht 1,5 Liter. Die Adi weist einen kräftigen Einrohrrahmen auf mit Teleskopgabel vorn und Schwingarmfederung hinten. Der Preis des ersten Adi-Mopeds: 585 DM. Anfang 1955 kann man anstelle des Ilo-Motors auch einen 1,25-PS-Sachs-Motor bekommen. Noch im gleichen Jahr wird die Adi verbessert. Mehr Chrom (Tankspiegel) wird angeboten, Weißwandreifen sind lieferbar und eine üppigere Verkleidung der Reifen und des Motors sorgt für gelungene Optik. 1956 bringt Adi eine Exportversion auf den Markt, die mit einer Doppelsitzbank ausgestattet ist. Weil das Sitzrohr mit dem Hinterrad nicht verkleidet wird, wirkt die Doppelsitzbank sehr eigenartig.

Adi Sachs Luxus — 1956

Motor: Einzylinder-Zweitakt Sachs, Bohrung 38, Hub 42, Verdichtung 1:6, Dauerleistung 1 PS bei 4000 U/min., Höchstdrehzahl 4100 U/min.

Vergaser: Bing 1/12/22 HD 56/ND 2,10/NS 3.

Elektrische Anlage: Bosch-Schwungradlichtmagnet 6 V 17 W, Kerze Bosch W 175 T 11, Gewinde M 14.

Getriebe und Antrieb: 2 Gänge, Drehgriffschaltung, Zweischeiben-Korklamellenkupplung, Sekundärkette 1/2 x 3/16, Abstufung 1:2,89:1,77.

Rahmen: Einrohrrahmen, Teleskopgabel, Schwinge hinten.

Bereifung: v. 23 x 2,00, h. 23 x 2,00, Reifendruck v. 1,1 — h. 1,2.

Bremsen: F & S und Wippermann, 90 mm ø.

Tankinhalt: 5,5 Ltr., Reserve 1 Ltr., Gemisch 1:25.

Verbrauch: Normverbrauch 1,5 Ltr./100 km.

Abmessungen: Länge 1800 mm, Breite 600 mm, Höhe 1020 mm, Radstand 1180 mm, Bodenfreiheit 230 mm, Gewicht 38 kg.

Preis: DM 626,—.

Steuer: frei.

Versicherung: DM 16,— p. J.

Adi-Sachs von 1956

Adi-Ilo-Export von 1956

Ebenfalls zur IFMA 1956 bringt Adi ein dreirädriges Lastenmoped auf den Markt. Hier befindet sich die Last in einem anhängerähnlichen Anbau hinter dem Fahrer. Unbehinderte Sicht nach vorn ist also garantiert. Auf die Pritschengrundfläche von 70x90 cm kann man einen geschlossenen Kasten mit Deckel aufbauen, der von Adi gegen geringen Mehrpreis mitgeliefert wird. Eine Vorderrad-Spezialschwinge mit Federbeinen gleicht die Unebenheiten der Straße aus, das Gewicht ohne Kasten beträgt 55 kg, die hinteren Reifen weisen 20 Zoll auf. Die Tragfähigkeit des ADI-Lastenmopeds beträgt ca. 150 kg, der Preis offen 960 DM, mit Kasten und Deckel 995 DM. 1957 ist bei Adi wegen der allgemeinen Absatzkrise Schluß mit dem Mopedbau.

Adi Ilo Export — 1956

Motor: Einzylinder-ZweitaktJlopiano. Bohrung 38, Hub 43, Verdichtung 1:6,5, Dauerleistung 1,7 PS bei 5250 U/min., Höchstdrehzahl 5250 U/min.

Vergaser: Bing 1/12/41 HD 56/ND 2,15/NS 2.

Elektrische Anlage: Noris-Schwungradlichtmagnet (17 W), Kerze Beru 225/14 u 2, Gewinde M 14.

Getriebe und Antrieb: 2 Gänge, Drehgriffschaltung, Mehrscheibenkupplung im Ölbad, Primärkette 1/2x3/16, Sekundärkette 1/2x3/16, Abstufung 1:13,8:7,0.

Rahmen: Einrohrrahmen, Teleskopgabel, Schwinge hinten mit Federbeinen.

Bereifung: v. 23 x 2,00 oder 2,25, h. 23 x 2,00, Reifendruck v. 1,1 — h. 1,2.

Bremsen: F & S und Wippermann, 90 mm ø.

Tankinhalt: 5,5 Ltr., Reserve 1 Ltr., Gemisch 1:25.

Verbrauch: Normverbrauch 1,5 Ltr./100 km.

Abmessungen: Länge 1800 mm, Breite 600 mm, Höhe 1020 mm, Radstand 1180 mm, Bodenfreiheit 230 mm, Gewicht 38 kg.

Preis: DM 655,—.

Steuer: frei.

Versicherung: DM 16,— p. J.

Adi-Lastenmoped mit Sachsmotor

AMO

Die Amo-Motorengesellschaft in Berlin-Schöneberg ist eine der wenigen Mopedhersteller, der auf eigene Motoren verweisen kann. Der Amo-Motor FM 50 K ist der einzige Mopedmotor, bei dem Zylindermantel und Motorengehäuse zusammengegossen sind. Der Zylindermantel ist also auch in der Längsrichtung geteilt und die allseitig bearbeitete Gußlaufbuchse zwischen den Hälften eingespannt. Der Motor hat nur ein einfaches, festes Vorgelege mit groß bemessener Spreizringkupplung. Der Einbau erfolgt in Tretlagernähe oder (bei Amoped und Amoretto) links neben dem Hinterrad. Zunächst ist der Amo-Motor nur für den Anbau an gewöhnliche Fahrräder bestimmt, aber 1953 gibt es bei Amo das erste Moped, eine Fahrrad-Doppelrohrkonstruktion, die zunächst als „FM 50 K" bezeichnet wird. 1954 erhält die Amo einen Einrohr-Tankrahmen und den Namen „Amoped". Besondere Aufmerksamkeit erwirbt sich aber erst die Nachfolgerin der Amoped, die „Amoretto".

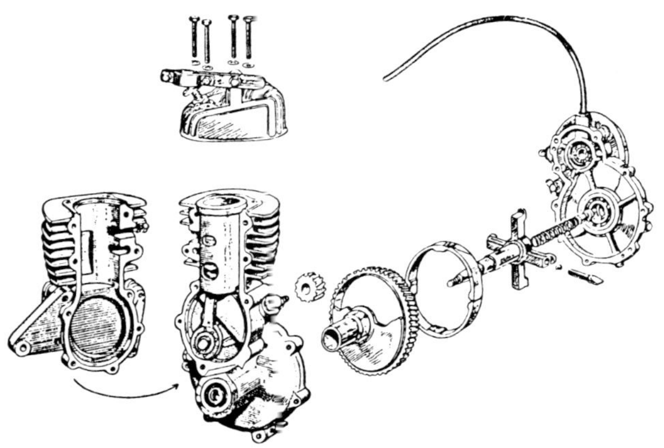

Die wenigen Teile des Amo-Motors. Sichtbar die Stirnkurbelwelle, die Zylinderteilung und die Spreizringkupplung

Hierbei hat sich Amo den Umstand zunutze gemacht, daß behördlicherseits gegen eine Überschreitung der Moped-Gewichtsgrenze durch nachträgliche Anbauten nichts eingewendet wird. So liefert sie für die Amoretto einen karosserieähnlichen Aufbau, der das Gefährt schnell und einfach in ein Roller-Moped mit weitgehendem Schmutz- und Witterungsschutz für den Fahrer verwandelt. Die Verwandlung kann man selbst in wenigen Minuten vornehmen: Das Gestell des 40 cm breiten Frontbleches wird an den beiden Befestigungsbolzen des Tanks am Hauptrohr angeschraubt. Das ebenfalls anschraubbare Mittelteil leitet zur rückwärtigen „Karosserie" über, die nach Abnehmen des Sattels einfach über das Sattelrohr und das hintere Schmutzblech gestülpt und an vier Punkten des Rahmenhinterbaus festgeschraubt wird. Gummieinlagen verhindern das Klappern. Die „Karosserie" verhüllt links den Motor und die Antriebsteile, während die rechte Seite als Gepäckraum und Werkzeugbehälter ausgebildet ist.

Trotz dieser guten Idee wird auch die Amoretto kein Verkaufserfolg. Das Gefährt ist weder an- noch ausgezogen attraktiv, es wirkt zu eigenartig und bereits 1956 verschwindet die Amoretto vom Markt.

Amoped von 1954

Amo FM 50 K — 1953

Motor:
Luftgekühlter Einzylinder-Zweitakt-Motor FM 50, Bohrung 39,8 mm, Hub 40 mm, Hubraum 49,7 ccm, Verdichtung 1:7, Leistung 1,14 PS bei 3800 U/min. Pallas-Schwimmervergaser 12 Z.

Elektrische Anlage:
Noris-Schwunglichtmagnetzünder 6 V 3 W. Scheinwerfer.

Kraftübertragung:
Ein-Ganggetriebe, Spreizringkupplung, Rollenkette auf Hinterrad.

Fahrgestell:
Doppelrohrrahmen, Vorderrad-Federgabel.

Bremsen:
Fahrradbremsen.

Bereifung: 26×2,00.

Kraftstoffbehälter:
Inhalt 2,3 Ltr.

Kraftstoffnormverbrauch:
1,4 Ltr./100 km.

Steigfähigkeit (ohne Mittreten): 15%.

Gewicht:
9 kg (Motor mit Zubehör).

Preis: DM 279.— (Motor).

Amo-Amoretto mit Verkleidung

Amoretto — 1955

Motor: amo-Einzylinder-Zweitakt, Bohrung 39,8, Hub 40, Verdichtung 1:6,8, Höchstdrehzahl 5200 U/min., höchstes Drehmoment 0,23 mkg bei 3200 U/min.

Vergaser: Pallas 12 Z, Einstellung 232/62.

Elektrische Anlage: Noris-Zündlicht, 6 V 3 W, Kerze W 175 T 11, Gewinde M 14x1,25.

Getriebe und Antrieb: 2 Gänge, Drehgriffschaltung, Spreizringkupplung, Primärkette Mofa 1/2x3/16, Abstufung 1,6:1, Übersetzung gr. Gang 14:1 = 40 km/h.

Rahmen: Geschweißter Einrohrrahmen, Pendelgabel, Doppeldruck-Gummifederung hinten.

Bereifung: v. 23x2,00, h. 23x2,00, Reifendruck v. 2 — h. 2.

Bremsen: Stahlbremstromm. 80 mm ø.

Tankinhalt: 5,5 Ltr., Reserve 0,5 Ltr., Gemisch 1:25.

Verbrauch: Normverbrauch 1,4 Ltr.

Abmessungen: Radstand 1190 mm, Länge 1830 mm, Breite 620 mm, Höhe 960 mm, Bodenfreiheit 150 mm, Gewicht 40 kg.

Preis: DM 798,—.

Steuer: frei.

Versicherung: DM 6,— p. J.

ANKER

Die traditionsreichen Anker-Werke in Bielefeld stellen nach dem Zweiten Weltkrieg Motorräder bis 1952 her. Dann erfolgt die Übergabe der Motorradproduktion an die Paderborner Maschinenfabrik AG (Pamag). Diese gibt bereits 1953 die Motorradproduktion auf, und somit ist die Anker-Zweiradgeschichte eigentlich zu Ende. 1956 aber übernimmt die Braunschweiger Zweiradvertriebs-GmbH, die den Pantherwerken angeschlossen ist, die Markenbezeichnung „Anker" samt Signet für Mopeds, die bei Panther gebaut werden. Drei Jahre, von 1956 bis 1958, werden die Anker-Mopeds angeboten, von denen fünf Varianten auf dem Markt sind.

Die AFS-5023 (AFS = Anker/Fichtel & Sachs) ist mit dem Zweigang-Sachs-Motor mit Pedalkickstarter ausgerüstet und wird in taubenblau angeboten. Die AFS-5023-Luxus verfügt über umfangreiche Verkleidungen, hat ein Sitzkissen und wird in cocktailbraun lackiert. Die AFS-5023-Luxus gibt es auch mit Dreiganggetriebe, wobei der Kettenkasten geschlossen ist. Die Farbe: Anthrazitgrau. Die AFS-5625 nennt sich noch zusätzlich „Jubilar 80" und man kann zwischen Zweigang- und Dreiganggetriebe wählen. Die Dreigängige verfügt zusätzlich über die HR-Sachs-Nabe mit Steckachse. Beide Maschinen werden in blau-silbergrau geliefert. Eine Doppelsitzbank mit Kunstlederbezug ist für 22 DM Aufpreis zu haben.

Anker-Fahrrad mit Lohmann-Motor

AFS-5023

AFS-5625

Anker AFS 5625 — 1956

Motor: Einzylinder-Zweitakt, Bohrung 38, Hub 42, 47 ccm, Verdichtung 1:6, 1,25 PS bei 5500 U/min.

Vergaser: Bing 1/12/20, mit Starteinrichtung, Düse 56.

Elektrische Anlage: Bosch 17 Watt, Kerze W 175 T 11.

Getriebe und Antrieb: 2 Gänge, Drehgriffschaltung, Korklamellenkupplung, Abstufung 2,89 :1,77 :1.

Rahmen: Verbundbauweise, Brüsselbach-Schwinghebelgabel, h. Federbeinschwinge.

Bereifung: v. 23 x 2,00, h. 23 x 2,00.

Bremsen: Vollnabenbremsen 90 mm ø.

Tankinhalt: 5 Ltr. (Reserve 1 Ltr.), Gemisch 1 : 25.

Kraftstoffnormverbrauch: 1,5 Ltr. / 100 km.

Abmessungen: Länge 1840 mm, Breite 580 mm, Höhe 930 mm, Radstand 1140 mm, Bodenfreiheit 100 mm, Gewicht 43 kg.

Preis: DM 688,—.

Steuer: frei

Versicherung: DM 16,— p. J.

AFS-5023-Luxus

Anker AFS 5023 Luxus — 1956

Motor: Einzylinder-Zweitakt, Bohrung 38, Hub 42, 47 ccm, Verdichtung 1 : 6, 1,25 PS/5500 U/min.

Vergaser: Bing 1/ 12 / 20 mit Starteinrichtung.

Elektrische Anlage: Schwungradlichtmagnetzünder 6 V 17 W, Kerze 175, Gewinde 18.

Getriebe und Antrieb: 2 Gänge, Drehgriffschaltung, Korklamellenkupplung, Abstufung 2,89 :1,77:1.

Rahmen: Preßblechrahmen, Schwinghebelgabel, h. Schwinge mit Federbeinen.

Bereifung: v. 23 x 2,00, h. 23 x 2,00, Reifendruck v. 0,9 — h. 1,1.

Bremsen: F&S - Innenbackenbremsen, 90 mm ø.

Tankinhalt: 5 Ltr., Reserve 0,5 Ltr., Gemisch 1 : 25.

Verbrauch: Normverbrauch 1,5 Ltr./ 100 km.

Abmessungen: Länge 1750 mm, Breite 650 mm, Höhe 980 mm, Radstand 1160 mm, Bodenfreiheit 150 mm, Gewicht 41,5 kg.

Preis: DM 655,—.

Steuer: frei.

Versicherung: DM 16,— p. J.

ARDIE

Das erste Ardie-Motorrad wird 1919 von Arno Dietrich in einer kleinen Landmaschinenfabrik in Nürnberg gebaut. 1922 verunglückt Dietrich bei einer Probefahrt tödlich. Der Betrieb wird von seiner Witwe weitergeführt und macht durch Rennsporterfolge auf sich aufmerksam. Bis 1925 werden eigene Motoren verwendet, danach bedient man sich der englischen JAP-Motoren. Großer Verkaufserfolg ist Ende der zwanziger Jahre einer 500-ccm-Maschine mit seitengesteuertem JAP-Einzylindermotor beschieden, die mit 950 RM relativ erschwinglich ist. Nach dem Zweiten Weltkrieg beginnt bei Ardie wieder die Entwicklung eigener Motoren und bereits 1949 sind Motorräder mit 125 und 250 ccm auf dem Markt. Bis 1958 werden in den Ardie-Werken Motorräder produziert; zuletzt noch eine Zweizylindermaschine mit 350 ccm Hubraum. Zum Mopedbau kommen die Nürnberger durch eine Fusion ihrer Muttergesellschaft „Barthel-Konzern" mit den Bielefelder Dürkopp-Werken. Die Bielefelder freuen sich, über den im süddeutschen Raum sehr renommierten Namen Ardie dort ihre Produkte noch besser absetzen zu können. Das Moped „Fratz" wird nun von Nürnberg aus mit dem Ardie-Emblem angeboten. (Beschreibungen und Daten der verschiedenen „Fratz"-Modelle siehe unter Dürkopp). Aber auch was Eigenes kommt auf den Markt: die Ardie-Sport.

Inserat von 1954

Ardie-Fratz

Ardie-Sport

Ardie-Sport

Zur IFMA 1956 wird die Ardie-Sport präsentiert. Der von Dürkopp übernommene Dreigangmotor MD 50 ist ein luftgekühlter Einzylinder-Zweitaktblockmotor. Der verrippte Leichtmetallzylinder hat eine eingeschrumpfte GraugUß-Laufbuchse. Die Kurbelwelle besitzt ein Spezial-Dürkopp-Pleuelnadellager und ist im Gehäuse in zwei Schulterlagern gelagert. Der Stahlpreßrahmen ist das solide Rückgrat der Ardie-Sport. Er dient gleichzeitig als Kraftstoffbehälter. Der aufgesetzte Behälter, der wie der Tank aussieht, dient als Gepäckraum mit verschließbarem Klappdeckel. Obwohl das Sportmodell äußerlich stark von der Fratz abweicht, sind viele gleiche Bauteile verwendet (siehe Dürkopp-Fratz IV).

Obwohl die FAZ bereits im Oktober 1957 meldet, Ardie habe seine Zweiradproduktion eingestellt, werden dort noch bis Anfang 1958 Mopeds und Motorräder gebaut. Dann allerdings ist endgültig Schluß, weil der Barthel-Konzern die Produktionsanlagen für die Herstellung von „Schnellmähern" benötigt.

Ardie Fratz IV — 1957

Motor: Einzylinder - Zweitakt Ardie, Bohrung 38, Hub 43, Verdichtung 1:6,2, Dauerleistung 1,25 PS bei 5300 U/min.
Vergaser: Bing - Zentralschwimmer - Vergaser.
Elektrische Anlage: Noris - Schwungrad-Lichtmagnet, 6 V 17 W, Kerze Bosch W 190 M 11 S.
Getriebe und Antrieb: 3 Gänge, Drehgriffschaltung, Mehrscheibenkupplung, Primärkette 3/8 x 5/32, Sekundärkette 1/2 x 3/16, Abstufung 1:4,8: 3,071:2,278.
Rahmen: Preßstahlrahmen, kurze Schwinghebelgabel, Schwinge mit Federbeinen und Öldämpfung hinten.
Bereifung: v. 23 x 2,00, h. 23 x 2,00.
Bremsen: Vollnabenbremsen, Trommel ø 81 mm.
Tankinhalt: 4,5 Ltr., Reserve 0,5 Ltr.
Verbrauch: Normverbrauch 1,2 Ltr./100 km.
Abmessungen: Länge 1760 mm, Breite 630 mm, Höhe 1020 mm, Radstand 1130 mm, Gewicht 47 kg.
Preis: DM 640,—.
Steuer: frei.
Versicherung: DM 16,— p. J.

Ardie Sport — 1957

Motor: Einzylinder - Zweitakt Ardie, Bohrung 38, Hub 43, Verdichtung 1:6,2, Dauerleistung 1,25 PS bei 5300 U/min.
Vergaser: Bing - Zentralschwimmer - Vergaser.
Elektrische Anlage: Noris - Schwungrad-Lichtmagnet, 6 V 17 W, Kerze Bosch W 190 M 11 S.
Getriebe und Antrieb: 3 Gänge, Drehgriffschaltung, Mehrscheibenkupplung, Primärkette 3/8 x 5/32, Sekundärkette 1/2 x 3/16, Abstufung 1:4,8: 3,071:2,278.
Rahmen: Preßstahlrahmen, kurze Schwinghebelgabel, Schwinge mit ölgedämpften Federbeinen hinten.
Bereifung: v. 23 x 2,00, h. 23 x 2,00.
Bremsen: Vollnabenbremsen, Trommel ø 80 mm.
Tankinhalt: 4,5 Ltr., Reserve 0,5 Ltr.
Verbrauch: Normverbrauch 1,2 Ltr./100 km.
Abmessungen: Länge 1760 mm, Breite 630 mm, Höhe 1020 mm, Radstand 1130 mm, Gewicht 48 kg.
Steuer: frei.
Preis: DM 720,—.
Versicherung: DM 16,— p. J.

AWD

Die 1921 von August Wurring in Ratingen-Breitscheid gegründete Motorradfabrik stellt bis 1962 ununterbrochen in kleineren Serien Motorräder her. Danach beschränkt man sich auf Einzelanfertigungen, Reparaturen und Restaurierungen von AWD-Maschinen. Noch heute ist der inzwischen fast neunzigjährige Firmengründer in seinen schmucken Werkstatträumen anzutreffen. Unterstützung hat Wurring durch seinen Enkel, der Maschinenbau studiert und sich mit Begeisterung um Großvaters Maschinen kümmert.

Mopeds werden bei AWD zwischen 1955 und 1962 hergestellt. Drei solide Einrohrrahmen-Mopeds mit freiem, großem Durchstieg stehen zur Auswahl. Die AWD 1 ist mit Einganggetriebe, AWD 2 mit zwei Gängen ausgerüstet. Beide Modelle haben eine Vorderschwinge und starre Hinterachse. Die AWD 3, zweigängig, verfügt über eine Hinterrad-Teleskopfederung. Alle Wurring-Mopeds werden von Ilo-Motoren angetrieben. Eine Dreigangversion, die AWD 4, gesellt sich 1957 zu den AWD-Mopeds, wird aber nur in sehr geringer Stückzahl gebaut.

AWD-Zweigangmoped von 1955

AWD Ilo (2-Gang) — 1955

Motor: Einzylinder-Zweitakt Ilo, Bohrung 38, Hub 43, Verdichtung 1:6,5, Dauerleistung 1,7 PS bei 5250 U/min., Höchstdrehzahl 5250 U/min.

Vergaser: Bing 1/12/41 HD 56/ND 2,15/NS 2.

Elektrische Anlage: Noris-Zündlichtanlage 6 V 3 W, Kerze 225, Gewinde M 14.

Getriebe und Antrieb: 2 Gänge, Drehgriffschaltung, Mehrscheibenkupplung, Primärkette 1/2x3/16, Sekundärkette 1/2 x 3/16, Abstufung 1:13,8 :7,0.

Rahmen: Präzisionsstahlrohrrahmen, Schwinggabel.

Bereifung: v. 23 x 2,00, h. 23 x 2,00, Reifendruck v. 1,1 — h. 1,2.

Bremsen: Stahltrommeln, 90 mm ø.

Tankinhalt: 5 Ltr., Reserve 0,5 Ltr., Gemisch 1:25.

Verbrauch: Normverbrauch 1,5 Ltr./100 km.

Abmessungen: Länge 1700 mm, Breite 620 mm, Höhe 960 mm, Radstand 1150 mm, Bodenfreiheit 150 mm, Gewicht 32,7 kg.

Preis: DM 598,—.

Steuer: frei.

Versicherung: DM 6,— p. J.

AWD-Eingangmoped von 1955

AWD SZ 3 — 1957

Motor: Einzylinder-Zweitakt Jlo, Bohrung 38, Hub 43, Verdichtung 1:6, Dauerleistung 1,25 PS bei 4000 U/min., Höchstdrehzahl 5400 U/min.

Vergaser: Pallasstartvergaser P 10/1 HD 56/ND 2,15/NS 2.

Elektrische Anlage: Noris-Schwungradlichtmagnetzünder 6 V 17 W, Kerze Bosch W 190 M 11 S, Gewinde M 14.

Getriebe und Antrieb: 2 Gänge, Drehgriffschaltung, Stahllamellenkupplung, Primärkette Synchroflexzahnriemen, Sekundärkette 1/2 x 3/16, Abstufung 1:13,8:7,0.

Rahmen: Präzisionsstahlrohrrahmen, Schwinggabel, Geradwegfederung h.

Bereifung: v. 23 x 2,00, h. 23 x 2,00, Reifendruck v. 1,2 — h. 1,4.

Bremsen: Stahltrommeln, 90 mm ø.

Tankinhalt: 7 Ltr., Reserve 0,5 Ltr., Gemisch 1:25.

Verbrauch: Normverbrauch 1,4 Ltr./100 km.

Abmessungen: Länge 1900 mm, Breite 630 mm, Höhe 960 mm, Radstand 1140 mm, Bodenfreiheit 150 mm, Gewicht 41 kg.

Preis: DM 623,—.

Steuer: frei.

Versicherung: DM 16,— p. J.

AWD Ilo (1-Gang) — 1956

Motor: Einzylinder-Zweitakt Ilo, Bohrung 38, Hub 43, Verdichtung 1:6, Dauerleistung 1,7 PS bei 5250 U/min., Höchstdrehzahl 5250 U/min.

Vergaser: Bing oder Pallas.

Elektrische Anlage: Noris-Schwungradlichtmagnetzünder 6 V 3 W, Kerze Bosch W 175 T 11, Gewinde M 14.

Getriebe und Antrieb: 1 Gang, Drehgriffschaltung, Stahllamellenkupplung, Primärkette 1/2 x 3/16, Sekundärkette 1/2 x 3/16.

Rahmen: Präzisionsstahlrohrrahmen, Schwinggabel.

Bereifung: v. 23 x 2,00, h. 23 x 2,00, Reifendruck v. 1,1 — h. 1,2.

Bremsen: Stahltrommeln, 90 mm ø.

Tankinhalt: 5 Ltr., Reserve 0,5 Ltr., Gemisch 1:25.

Verbrauch: Normverbrauch 1,5 Ltr./100 km.

Abmessungen: Länge 1700 mm, Breite 620 mm, Höhe 960 mm, Radstand 1150 mm, Bodenfreiheit 150 mm, Gewicht 32 kg.

Preis: DM 560,—.

Steuer: frei.

Versicherung: DM 16,— p. J.

AWD-3 mit Geradwegfederung

BASTERT

Die 1914 in Bielefeld-Heepen gegründeten Bastert-Werke stellen vor dem Zweiten Weltkrieg Fahrräder und Mofas mit Sachs-Motoren her. In den dreißiger Jahren zählt der Betrieb schon bis zu 400 Mitarbeiter. 1949 beginnt bei Bastert die Motorradproduktion mit Maschinen bis zu 200 ccm, denen Sachs- und Ilo-Motoren eingebaut werden. Der Motorroller „Bastert-Einspurauto" geht 1952 in Serie und sorgt mit seiner windschnittigen Karosserie für Interesse.

Das erste Bastert-Moped B/FP 50 erscheint 1954. Es wird von dem Ilo-FP-50-Motor angetrieben, verfügt über einen Zentralrohrrahmen aus vierkantigem Rohr und eine Benteler-Vordergabel mit geschmiedeten Leichtmetall-Schwingarmen. Der Lohmann-Schwingsattel ist verstellbar, ebenso der Lenker mit Drehgasgriff. In einem Test der „Motorrundschau" wird dem Bastert-Moped „erstklassige Verarbeitung" bescheinigt. 1,5 PS bei 4200 U/min. erreichen eine Höchstgeschwindigkeit von 42 km/h, der Verbrauch liegt bei 1,5 Litern, das Gewicht beträgt mit vollem Tank 39 kg und der Preis 546 DM.

1956 sind zwei neue Bastert-Mopeds auf dem Markt: Das Modell B/S 50 mit dem Zweigang-Sachs-Motor und das Modell B/G 50 mit dem Zweigang-Ilo-Motor. Beide Mopeds sind mit einem Profilrohrrahmen und der Bastert-Schwingfedergabel ausgerüstet. Hinten ist eine Teleskopfederung eingebaut. 1,25 PS, Verbrauch 1,45 Liter, Gewicht 36 kg, Preis 632 DM. Die neuen Mopeds verfügen über weitgehende Verkleidungen mit tiefgezogenen Schutzblechen.

Nachdem 1955 bereits der Motorradbau eingestellt wurde, beendet Bastert 1956 auch die Produktion des „Einspurautos" und der Mopeds. Man hatte die Absatzproblematik von Zweirädern rechtzeitig erkannt und eine radikale Umstellung der Produktion auf Kunststoff-Verarbeitung vorgenommen.

Bastert-Moped B/FP 50

Bastert-Moped B/S 50

Bastert mit Verkehrsminister Seebohm (links) auf der IFMA

BAUER

Die bekannte Fahrradfabrik Bauer in Klein-Auheim bei Hanau, deren Gründung auf das Jahr 1911 zurückgeht, sammelt erste Erfahrungen im Bau von motorisierten Zweirädern kurz vor dem Zweiten Weltkrieg: Bauer stellt Mofas mit Sachs-Motoren her. Nach der Währungsreform 1949 erkennt Bauer die Chance, mit Motorrädern gute Geschäfte machen zu können, und präsentiert noch im gleichen Jahr sein erstes 97-ccm-Einzylinder-Zweitaktmotorrad. Ihm folgen Motorräder bis 250 ccm, auch mit Ilo-Motoren. Als erstes deutsches Werk entwickelt Bauer eine eigene Teleskopgabel für Motorfahrräder. Auch ein eigener Bauer-Motor kommt zum Einbau, aber an der Entwicklung, die hohen finanziellen Aufwand erfordert, scheitert Bauer und stellt 1954 die Motorradproduktion ein. Gleichzeitig beginnt die Mopedproduktion und bis 1959 werden sieben verschiedene Modelle auf den Markt gebracht. Im Preis liegen die Bauer-Mopeds recht vorteilhaft, sie sind sorgfältig verarbeitet, verfügen über hochwertige Zubehörteile, und Bauer beweist, daß auch mit handwerklicher Fertigung kleinerer Stückzahlen wirtschaftlich gearbeitet werden kann.

Bauer B 50 S/B 50 R

Eine fließende, schwungvolle Linienführung zeichnet die ersten Bauer-Mopeds aus, die 1954 vorgestellt werden. Sie sind modern niedrig gebaut und mit dem Sachs-Antrieb ausgestattet, der in einem geschlossenen Blockmotor Kupplung, Zweiganggetriebe, Lichtmaschine, Tretlager, Freilauf und Rücktritt vereint und nur eine Kette aufweist. Die „S" und die „R" unterscheiden sich durch den Einrohrrahmen mit Satteltank (bei der „S") und den Rahmentank in selbsttragender Bauweise (bei der „R"). Beide Mopeds sind mit schwarzem oder grünem (Metalleffekt-)Emaillelack zu haben.

Bauer B 50 S — 1955

Motor: Einzylinder-Zweitakt Sachs, Bohrung 38, Hub 42, Verdichtung 1:6, Dauerleistung 1 PS bei 4000 U/min., Höchstdrehzahl 4100 U/min.

Vergaser: Bing 1/12/22 D 56/ND 2,10/NS 3.

Elektrische Anlage: Bosch-Schwungradlichtmagnet 6 V 3 W, Kerze W 175 T 11, Gewinde M 14.

Getriebe und Antrieb: 2 Gänge, Drehgriffschaltung, Zweischeibenkupplung, Sekundärkette 1/2 x 3/13, Abstufung 1:2,89:1,77.

Rahmen: Einrohrrahmen, Schwinggabel.

Bereifung: v. 23 x 2,50, h. 23 x 2,50, Reifendruck v. 1,1 — h. 1,2.

Bremsen: Innenbackenbr., 80 mm ø.

Tankinhalt: 5 Ltr., Reserve 0,75 Ltr., Gemisch 1:25.

Verbrauch: Normverbrauch 1,5 Ltr./100 km.

Abmessungen: Länge 1750 mm, Breite 620 mm, Höhe 970 mm, Radstand 1130 mm, Bodenfreiheit 125 mm, Gewicht 33 kg.

Preis: DM 580,—.

Steuer: frei.

Versicherung: DM 6,— p. J.

Bauer B 50 S

Bauer Transport-Moped

Das Transport-Moped, auch Gepäck-Moped genannt, verfügt über einen offenen Rohrrahmen. Auf Vorder- und Hinterradfederung ist im Hinblick auf die überwiegende Benutzung im Stadtverkehr, also auf relativ guten Straßen, und die niedrige Betriebsgeschwingkeit verzichtet worden. Eine zusätzliche Tragkraft von 75 kg ist zulässig. Lenker und Gabel sind verstärkt. Der Ladekorb verfügt über eine abklappbare Galerie, wodurch die Ladefläche vergrößert werden kann. Die Standardausführung ist schwarz lackiert. Die grüne Ausführung gibt es für 15 DM Aufpreis.

Bauer B 50 R

Bauer Transport-Moped — 1957

Motor: Einzylinder-Zweitakt Sachs, Bohrung 38, Hub 42, Verdichtung 1:6, Dauerleistung 1 PS bei 4100 U/min., Höchstdrehzahl 5500 U/min.

Vergaser: Bing 1/12/22 HD 56/ND 2,10/NS 3.

Elektrische Anlage: Bosch-Schwungradlichtmaschine 6 V 17 W, Kerze Bosch W 175 T 11, Gewinde M 14.

Getriebe und Antrieb: 2 Gänge, Drehgriffschaltung, Zweischeiben-Korklamellenkupplung, Sekundärkette 1/2 x 3/16, Abstufung 1:2,89:1,77.

Rahmen: Verstärkter Stahlrohr-Blechpreßrahmen mit angebauter Ladefläche.

Bereifung: v. 20 x 2,25, h. 26 x 2,00, Reifendruck v. 2,25, h. 2,25.

Bremsen: Innenbackenbremsen.

Tankinhalt: ca. 5 Ltr., Reserve 0,5 Ltr., Gemisch: 1:25.

Verbrauch: Normverbrauch 1,3 Ltr./100 km.

Preis: DM 585,—.

Steuer: frei.

Versicherung: DM 16,— p. J.

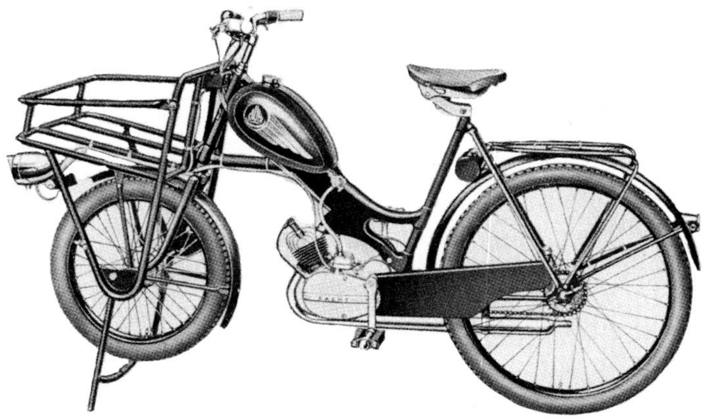

Bauer Gepäckmoped

Bauer B 50 SK/B 50 SL

Beide Modelle erscheinen 1955. Die SK unterscheidet sich nur in unwesentlichen Äußerlichkeiten von den Vorgängern, durch die Teleskopgabel und den Preis: Sie ist 50 DM billiger. Bei der SL wird ein teleskopgefederter Rohrrahmen mit Schwinggabel verwendet. Motor und Kette sind vollkommen abgedeckt. Die SL gibt es in modischer beigefarbener Lackierung und mit Weißwandreifen.

Bauer B 50 SK

Bauer B 50 SK — 1956

Motor: Einzylinder-Zweitakt Sachs, Bohrung 38, Hub 42, Verdichtung 1:6, Dauerleistung 1 PS bei 4000 U/min., Höchstdrehzahl 4100 U/min.

Vergaser: Bing 1/12/22 D 56/ND 2,10/NS 3.

Elektrische Anlage: Bosch-Schwungradlichtmagnet 6 V 17 W, Kerze W 175 T 11, Gewinde M 14.

Getriebe und Antrieb: 2 Gänge, Drehgriffschaltung, Zweischeibenkupplung, Sekundärkette 1/2 x 3/13, Abstufung 1:2,89:1,77.

Rahmen: Einrohrrahmen, Teleskopgabel.

Bereifung: v. 23 x 2,00, h. 23 x 2,00, Reifendruck v. 1,1 — h. 1,2.

Bremsen: Innenbackenbr., 80 mm ø.

Tankinhalt: 5 Ltr., Reserve 0,75 Ltr., Gemisch 1:25.

Verbrauch: Normverbrauch 1,5 Ltr./100 km.

Abmessungen: Länge 1765 mm, Breite 630 mm, Höhe 970 mm, Radstand 1120 mm, Bodenfreiheit 125 mm, Gewicht 33 kg.

Preis: DM 530,—.

Steuer: frei.

Versicherung: DM 16,— p. J.

Bauer B 50 SL — 1956

Motor: Einzylinder-Zweitakt Sachs, Bohrung 38, Hub 42, Verdichtung 1:6, Dauerleistung 1 PS bei 4000 U/min., Höchstdrehzahl 4100 U/min.

Vergaser: Bing 1/12/22 D 56/ND 2,10/NS 3.

Elektrische Anlage: Bosch-Schwungradlichtmagnet 6 V 17 W, Kerze W 175 T 11, Gewinde M 14.

Getriebe und Antrieb: 2 Gänge, Drehgriffschaltung, Zweischeibenkupplung, Sekundärkette 1/2 x 3/13, Abstufung 1:2,89:1,77.

Rahmen: Einrohrrahmen, Schwinggabel. Schwingrahmen mit Federbeinen hinten.

Bereifung: v. 23 x 2,00, h. 23 x 2,00, Reifendruck v. 1,1 — h. 1,2.

Bremsen: Innenbackenbr., 80 mm ø.

Tankinhalt: 5 Ltr., Reserve 0,75 Ltr., Gemisch 1:25.

Verbrauch: Normverbrauch 1,5 Ltr./100 km.

Abmessungen: Länge 1800 mm, Breite 630 mm, Höhe 970 mm, Radstand 1160 mm, Bodenfreiheit 125 mm, Gewicht 33 kg.

Preis: DM 630,—.

Steuer: frei.

Versicherung: DM 16,— p. J.

Bauer B 50 SL

Bauer B 57/B 50 Sport

Drei Gänge sind bei Bauer ab 1956 zu haben. Beide Modelle werden aber auch mit Zweiganggetriebe geliefert. Das Tourenmoped B 57 verfügt über einen Preßstahlrahmen mit Hinterschwinge (durch Federbeine abgefedert) und Kurzschwinge vorn und breite Schutzbleche mit Seitenabdeckung. Das Sportmoped mit Sitzbank und großem 10-Liter-Tank mit Einbuchtungen weist einen Rahmen in Rohrausführung auf. Hinter- und Vorderradfederung entsprechen nahezu der des Modells B 57.

Bauer B 57

Bauer B 50 Sport

Bauer B 50 Sport — 1957

Motor: Einzylinder-Zweitakt Sachs, Bohrung 38, Hub 42, Verdichtung 1:6, Dauerleistung 1,25 PS bei 4100 U/min., Höchstdrehzahl 5500 U/min.

Vergaser: Bing 1/12 HD 56/ND 517, NS 2.

Elektrische Anlage: Bosch-Schwungradlichtmagnet 6 V 17 W, Kerze Bosch W 190 M 11 S, Gewinde M 14.

Getriebe u. Antrieb: 3 Gänge, Drehgriffschaltung, Zweischeibenkupplung, Sekundärkette 1/2 x 3/13, Abstufung 1:34,8:21,2:14,1.

Rahmen: Preßrohrrahmen, Schwinggabel, Schwinge mit Federbeinen h.

Bereifung: v. 23 x 2,25, h. 23 x 2,25. Reifendruck: v. 1,1 — h. 1,2.

Bremsen: Innenbackenbr., 80 mm ø.

Tankinhalt: ca. 6 Ltr., davon Reserve 0,75 Ltr., Gemisch 1:25.

Verbrauch: Normverbrauch 1,3 Ltr./100 km.

Abmessungen: Länge 1800 mm, Breite 630 mm, Höhe 970 mm, Radstand 1160 mm, Bodenfreiheit 125 mm, Gewicht 33 kg.

Preis: 2 Gänge DM 625,—, 3 Gänge DM 665,—.

Steuer: frei.

Versicherung: DM 16,— p. J.

BISMARCK

Bismarck 162 VB

Die für ihre Fahrräder so berühmten Bismarck-Werke in Radevormwald, die bereits 1896 gegründet werden, steigen wie viele andere Fahrradhersteller in den dreißiger Jahren ins Mofa-Geschäft ein. Nach dem Krieg geht es 1948 mit Mofas weiter und 1950 werden die ersten Bismarck-Motorräder auf den Markt gebracht. Sie sind mit Ilo- und Sachs-Motoren ausgestattet und werden bis 1956 gebaut. Der Mopedstart beginnt 1953 mit einem sehr schlichten Gefährt mit dem 49-ccm-Eingang-Ilo-Motor. Das noch sehr wie ein Fahrrad wirkende Moped verfügt über einen Stahlrohr-Tankrahmen, über 26-Zoll-Reifen, hat ein Gewicht von 30 kg und wird für 497 DM verkauft. Danach folgen Mopeds, denen außer Ilo- auch Sachs- und Zündapp-Motoren eingebaut sind. Große Verkaufszahlen können die Mopeds allerdings nicht erreichen und wegen der Motorradkrise Mitte der fünfziger Jahre und wegen des Rückgangs im Fahrradgeschäft müssen die traditionsreichen Bismarck-Werke 1957 Konkurs anmelden.

Bismarck 162 MS II

Bismarck 162 MS/162 MS II

Beide Mopeds werden mit dem Einzylinder-Zweitakt-Sachs-Motor angetrieben. Die 162 MS ist wahlweise auch mit dem Zündapp-Combimot lieferbar und nennt sich in dem Fall „MZ". Die 162 MS wird von 1954 bis 1955 gebaut, ist mit einem Einrohrrahmen und Teleskopgabel ausgerüstet, wiegt 38 kg und kostet 598 DM. Sie imponiert durch den niedrigen Bau mit tiefem Schwerpunkt. Die von 1956 bis 1957 gebaute 162 MS II wiegt nur 33 kg, ist 75 DM billiger und wird in sehr geschmackvoller, sandgrauer Lackierung mit Linierung angeboten. Der Stahlrohrrahmen mit Temperguß-Steuerkopf trägt den 5,5-Liter-Satteltank. Das Vorderradblech ist mit Seitenschutz versehen. Für einen eingebauten Tacho werden 17,50 DM zusätzlich fällig.

Bismarck 205 VBS	1956
Motor: Einzylinder-Zweitakt, Bohrung 38, Hub 42, Verdichtung 1:6, Dauerleistung 1 PS bei 4000 U/min., Höchstdrehzahl 4100 U/min.	**Bereifung:** v. 23 x 2,25, h. 23 x 2,25, m. Chromfelgen u. Weißwandreifen, Reifendruck v. 1,1 — h. 1,2.
Vergaser: Bing 1/12/22 HD 56/ND 2,10/NS 3.	**Bremsen:** Vollnabenbr., 90 mm ø.
Elektrische Anlage: Noris-Schwungradlichtmagnet 6 V 17 W, Kerze 175, Gewinde M 14.	**Tankinhalt:** 5,5 Ltr., Reserve 0,5 Ltr., Gemisch 1 : 25.
Getriebe und Antrieb: 2 Gänge, Drehgriffschaltung, Mehrscheiben-Korklamellenkupplung, Sekundärkette 1/2 x 3/16, Abstufung 1 : 2,89 : 1,77.	**Verbrauch:** Normverbrauch 1,5 Ltr./100 km.
Rahmen: Einrohrrahmen, Teleskopgabel, auf Wunsch Teleskop-Hinterradfederung.	**Abmessungen:** Länge 1750 mm, Breite 600 mm, Höhe 980 mm, Radstand 1100 mm, Bodenfreiheit 120 mm, Gewicht 38 kg.
	Preis: DM 598,—.
	Steuer: frei.
	Versicherung: DM 16,— p. J.

Bismarck 205 VBS

Die 205 erscheint 1956 und weist eine Teleskopgabel auf. Auf Wunsch ist sie mit einer Teleskop-Hinterradfederung zu haben. Als Farbe wird nur graugrün angeboten, die blanken Teile sind verchromt und der Stahlrohrrahmen entspricht dem der 162. Der Kippständer ist fest am Rahmen angebaut. Beide Schutzbleche sind im Auslauf leicht geschwungen und verfügen über eine Seitenverkleidung. Neu ist die beiderseitige Motorverkleidung. Weißwandreifen, Chromstahlfelgen, Bremsvollnaben, Scheinwerfer mit Tachometer; das alles ist für 598 und später für 630 DM zu haben. Als Antrieb fungiert der Einzylinder-Zweitakter „Sachs 50".

Bismarck 205 VBS

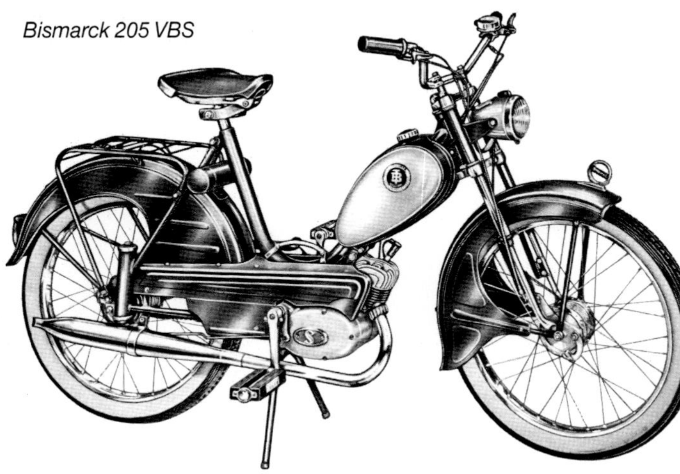

BÜCKER

Als Franz Bücker 1955 seine Motorradproduktion und 1957 auch die Mopedherstellung aufgibt, kann er auf eine 35jährige Firmengeschichte zurückblikken. Vor und nach dem Zweiten Weltkrieg werden in Oberursel Motorräder gebaut, die einen hervorragenden Ruf genießen. Die Mopedherstellung beginnt bei Bücker 1954 mit einem schlichten 30-kg-Moped, das über einen stabilen Einrohrrahmen und eine Vorderradschwinggabel verfügt.

Das erste Bücker-Moped

Noch im gleichen Jahr erscheinen zwei ausgereiftere Mopeds, die den Tank nicht mehr unter dem Sattel, sondern einen vergrößerten Tank hinter dem Lenkkopf ausweisen. Sie werden als Bücker-Ilo und Bücker-Sachs bis 1957 angeboten. Die 56er-Modelle sind mit Hinterradfederung zu bekommen. Der Einrohrrahmen ist aus nahtlosem Stahlrohr, der Steuerkopf gemufft und hartgelötet. Der Scheinwerfer mit Blendkappe und eingebautem Tachometer verfügt über einen Lichtaustritt von 85 mm. Die Lakkierung gibt es in Schwarz oder Beigegrün mit Zierlinien. Auf Wunsch wird eine Motorverkleidung angeboten.

Bücker-Sachs von 1956

Bücker Sachs 1955

Motor: Einzylinder-Zweitakt Sachs, Bohrung 38, Hub 42, Verdichtung 1:6, Dauerleistung 1 PS bei 4000 U/min., Höchstdrehzahl 4100 U/min.

Vergaser: Bing 1/12/22 HD 56/ND 2,10/NS 3.

Elektrische Anlage: Bosch-Schwungradlichtmagnet 6 V 3 W, Kerze Bosch W 175 T 11, Gewinde M 14.

Getriebe und Antrieb: 2 Gänge, Drehgriffschaltung, Zweischeiben-Korklamellenkupplung, Sekundärkette 1/2 x3/16, Abstufung 1:2,89:1,77.

Rahmen: Einrohrrahmen, Schwinggabel.

Bereifung: v. 23x2,00, h. 23x2,00, Reifendruck v. 1,1 — h. 1,2.

Bremsen: v. Bremsnaben, h. Freilaufbremse.

Tankinhalt: 5,5 Ltr., Gemisch 1:25.

Verbrauch: Normverbrauch 1,5 Ltr./100 km.

Gewicht: 33 kg.

Preis: DM 590,—.

Steuer: frei.

Versicherung: DM 6,— p. J.

Bücker Ilo 1957

Motor: Einzylinder-Zweitakt Jlo, Bohrung 38, Hub 43, Verdichtung 1:6,5, Dauerleistung 1,25 PS bei 4000 U/min., Höchstdrehzahl 5250 U/min.
Zum gleichen Preis Moped mit F&S-Motor (unser Bild).

Vergaser: Bing 1/12/41 HD 56/ND 2,15/NS 2.

Elektrische Anlage: Noris-Schwungradlichtmagnet 6 V 17 W, Kerze Bosch W 190 M 11 S, Gewinde M 14.

Getriebe und Antrieb: 2 Gänge, Drehgriffschaltung, Mehrscheibenkupplung im Ölbad, Primärkette 1/2x3/16, Sekundärkette 1/2x3/16, Abstufung 11,33:6,77:1.

Rahmen: Einrohrrahmen, Schwinggabel oder Teleskopgabel. Hinterradfederung auf Wunsch

Bereifung: v. 23x2,00, h. 23x2,00, Reifendruck v. 1,1 — h. 1,2.

Bremsen: F&S-Vollnabenbremse.

Tankinhalt: 5,5 Ltr., Gemisch 1:25.

Verbrauch: Normverbrauch 1,4 Ltr./100 km

Gewicht: 33 kg.

Preis: DM 595,—, m. Hinterradfederung Aufpreis DM 30,—. .

Steuer: frei.

Versicherung: DM 16,— p. J.

Nicht nur der höchste Gipfel des Schwarzwaldes, auch die höchste Erhebung des Taunus heißt Feldberg. Und nach diesem ist das Bücker-Sportmoped genannt, das kurz vor Produktionsschluß erscheint. Das Zweigangmoped wird hinten mit einer Triebsatzschwinge mit Federbeinen ausgestattet. Der Rohrrahmen ist verkleidet, und die Kette läuft in einem geschlossenen Kettenkasten.

Bücker-Feldberg

Bücker Feldberg 1957

Motor: Einzylinder-Zweitakt Sachs, Bohrung 38, Hub 42, Verdichtung 1:6, Dauerleistung 1,25 PS bei 4100 U/min., Höchstdrehzahl 5500 U/min.

Vergaser: Bing 1/12 HD 56, ND 1517, NS 2.

Elektrische Anlage: Schwungradlichtmagnet, 6 V 17 W, Kerze Bosch W 190 M 11 S, Gewinde M 14.

Getriebe und Antrieb: 2 Gänge, Drehgriffschaltung, Zweischeiben-Korklamellen-Kupplung, Sekundärkette 1/2x3/16, Abstufung 26,7:15,4:1.

Rahmen: Rohrrahmen, Schwing- oder Teleskopgabel, Triebsatzschwinge mit Federbeinen hinten.

Bereifung: v. 23x2,00, h. 23x2,00, Reifendruck v. 1,1, h. 1,2.

Bremsen: Vollnabenbremsen, Trommel Ø ca. 90 mm.

Tankinhalt: 8 Ltr., Reserve 1 Ltr., Gemisch 1:25.

Verbrauch: Normverbrauch 1,3 Ltr./100 km.

Abmessungen: Länge 1750 mm, Breite 550 mm, Höhe 900 mm, Radstand 1120 mm, Bodenfreiheit 200 mm, Gewicht 50 kg.

Preis: DM 660,—.

Steuer: frei.

Versicherung: DM 16,— p. J.

CREDÉ/SITTA

Die Bezeichnung Sitta hat ihren Ursprung in dem Ort Sittensen bei Bremen. Dort sind die Sitta-Werke beheimatet, die in der Nachkriegszeit Motorräder (Hummel) herstellen, die mit Ein- und Zweitakt-Ilo-Motoren ausgestattet sind. Auch ein Moped wird 1953 gebaut, das von Konstrukteur Ordemann entwickelt wird. Es verfügt über den Eingang-Ilo-Motor, einen Einrohrrahmen aus Stahlblech und eine Teleskop-Vordergabel. Angeboten wird das 35-kg-Moped für 550 DM. Als die Sitta-Werke schließen, wechselt Ordemann mit seiner Mopedkonstruktion zu der Kasseler Waggonfabrik Credé. Hier gelingt es Ordemann, ein sehr erfolgreiches Moped-Trio unter der Bezeichnung Sitta-Credette auf dem deutschen Markt zu etablieren. Die Zeitschrift „Das Moped" meldet sogar, daß die Sitta-Credette im Herbst 1954 in der bundesdeutschen Mopedproduktion auf Platz drei liegt.

Sitta-Credette I

Die Sitta-Credette I, das einfachste Modell, wird von dem eingängigen Ilo-Motor getrieben. In dem gleichen Fahrgestell kann auch der zweigängige Ilo-Motor Verwendung finden: Das ist dann die Credette II. Der größeren Leistungsfähigkeit entsprechend ist sie an einigen Teilen etwas reicher ausgestattet, z. B. an den Schutzblechen und Bremsen. Der Tank beider Mopeds ist abnehmbar. Er ruht in Gummi und kann durch Lösen einer Rändelschraube schnell entfernt werden, um, beispielsweise zur Erfüllung feuerpolizeilicher Vorschriften, unabhängig vom Moped abgestellt werden zu können.

Sitta Credette II — 1955

Motor: Einzylinder-Zweitakt Ilo, Bohrung 38, Hub 43, Verdichtung 1:6,5, Dauerleistung 1,7 PS bei 5250 U/min., Höchstdrehzahl 5250 U/min.

Vergaser: Bing 1/12/41 HD 56/ND 2,15/NS 2.

Elektrische Anlage: Noris-Schwungradlichtmagnet 6 V 3 W (17 W), Kerze Beru 225/14 u 2, Gewinde M 14.

Getriebe und Antrieb: 2 Gänge, Drehgriffschaltung, Mehrscheibenkupplung im Ölbad, Primärkette 1/2 x 3/16, Sekundärkette 1/2 x 3/16, Abstufung 1:13,8 :7,0.

Rahmen: Zentralrohrrahmen, Teleskopgabel.

Bereifung: v. 26 x 2,00, h. 26 x 2,00.

Bremsen: Vollnabenbremsen.

Tankinhalt: 4,5 Ltr., Gemisch 1:25.

Verbrauch: Normverbrauch 1,5 Ltr./100 km.

Gewicht: ca. 33 kg.

Preis: DM 538,—.

Steuer: frei.

Versicherung: DM 6,— p. J.

Die Credette III hat ebenfalls den Ilo-Motor G 50, jedoch nicht den Einrohrrahmen, sondern einen Preßstahlrahmen, der als Tank dient. Er umkleidet außerdem weitgehend den Motor und geht glattflächig in das hintere Schutzblech und in den Sattelträger über. Zur Serienausstattung gehören der Scheinwerfer mit Blendschirm und Einbautachometer. Der Schwingsattel ist nach Fahrergewicht einstellbar. Nicht zuletzt wegen der von einer besonderen Eigenart und Eleganz geprägten Formgebung kommt die Credette III gut an. Trotzdem stellt Credé bereits 1955 die Produktion von Mopeds wieder ein.

Sitta Credette III — 1955

Motor: Einzylinder-Zweitakt Ilo, Bohrung 38, Hub 43, Verdichtung 1:6,5, Dauerleistung 1,7 PS bei 5250 U/min., Höchstdrehzahl 5250 U/min.

Vergaser: Bing 1/12/41 HD 56/ND 2,15/NS 2.

Elektrische Anlage: Noris-Schwungradlichtmagnet 6 V 3 W (17 W), Kerze Beru 225/14 u 2, Gewinde M 14.

Getriebe und Antrieb: 2 Gänge, Drehgriffschaltung, Mehrscheibenkupplung im Ölbad, Primärkette 1/2 x 3/16, Sekundärkette 1/2 x 3/16, Abstufung 1:13,8 :7,0.

Rahmen: Stahlblechpreßrahmen, Teleskopgabel.

Bereifung: v. 23 x 2,00, h. 23 x 2,00, Reifendruck v. 1,1 — h. 1,2.

Bremsen: Vollnabenbremsen.

Tankinhalt: 4,5 Ltr., Gemisch 1:25.

Verbrauch: Normverbrauch 1,5 Ltr./100 km.

Gewicht: ca. 35 kg.

Preis: DM 625,—.

Steuer: frei.

Versicherung: DM 6,— p. J.

Sitta-Credette III

DKW

Die Gründung der DKW-Werke geht auf das Jahr 1907 zurück: Der Däne Rasmussen gründet in Zschopau (heute DDR) einen Betrieb für Armaturen. Das erste Motorrad bei DKW ist ein Spielzeug-Zweitakter mit 30-ccm-Motor, der 1919 auf der Leipziger Messe ausgestellt wird. Bei diesem Spielzeug taucht zum erstenmal die Bezeichnung DKW auf: Des Knaben Wunsch. 1920 wird ein Fahrradhilfsmotor entwickelt, der liegend auf das Hinterrad eines Fahrrads gebaut werden kann und der im Volksmund „Arschwärmer" genannt wird. Die Entwicklung macht Fortschritte. 1925 sind bereits 50.000 DKW-Motorräder verkauft und 1927 ist DKW bereits die größte Motorradfabrik der Welt. Anfang der dreißiger Jahre schließen sich wegen der Weltwirtschaftskrise vier sächsische Firmen zur Auto-Union zusammen: DKW, Wanderer, Horch und Audi. 1939 beginnt der Serienanlauf der legendären RT 125. Nach Kriegsende ist die Auto-Union zerschlagen, noch erhaltene Anlagen werden demontiert. In Zschopau gründet sich der VEB IFA, woraus später das Motorradwerk Zschopau „MZ" wird.

Jugendliche basteln an der Hummel (1957)

In der Bundesrepublik schließen sich ehemalige DKW-Mitarbeiter zusammen und gründen 1949 in Ingolstadt ein neues Werk. Die RT 125 wird wieder gebaut und 1950 sind bereits 10.000 neue DKW-Motorräder im Handel. Mitte der fünfziger Jahre, viele Motorradhersteller haben wegen der Absatzkrise längst aufgegeben, entwickelt sich die DKW RT 125 zum meistgekauften deutschen Motorrad. 1958 wird die Motorradfertigung an die Zweirad-union Nürnberg abgegeben und eine gemeinsame Entwicklung mit Victoria und Expreß beginnt. 1966 erfolgt der Zusammenschluß innerhalb der Sachs-Gruppe mit den Nürnberger Hercules-Werken.

Hummel

Die Mopedproduktion beginnt bei DKW erst relativ spät: 1956. Aber dafür können die Ingolstädter auch gleich ein kompaktes, ausgereiftes Moped präsentieren. Die Hummel ist das erste deutsche Dreigangmoped. Der glatte Fahrzeugkörper wirkt wie aus einem Guß. Der stabile Stahl-Preßtankrahmen, die Vorderfederung mittels Schwinghebeln und wartungsfreier Gummibandfederung, die Hinterradfederung durch Schwinge und Federbeine und der Kraftstofftank mit 5,5 Liter Fassungsvermögen: Ein Moped für Anspruchsvolle. Der fahrtwindgekühlte DKW-Einzylinder-Zweitaktmotor verfügt über eine Schnürle-Umkehrspülung, die sich immer wieder als überlegen erweist. Der bewährte DKW-Zweitakter gilt als robust und wirtschaftlich. Er leistet 1,35 PS und verfügt über Leistungsreserven vor allem im unteren Drehzahlbereich. Der Vergaser sitzt in der Rahmenverkleidung und ist durch eine Klappe leicht zugänglich. Ein überdimensionierter Naßluftfilter führt ihm ständig gereinigte Luft zu. In Verbindung mit der Kettenkapselung verdient der Hinterradausbau Interesse: Nach Abnahme der Exzenterscheiben für die Kettenspannung rutscht das Rad nach vorn, und das Abheben der Kette ist problemlos. Die Ausstattung ist gut durchdacht. Ein Rahmenschloß ist ebenso im Preis enthalten wie der Gepäckträger und der kräftige Stahldraht-Mittelständer. Billig ist die Hummel nicht, aber „unbedingt ihren Preis wert", wie ein zeitgenössischer Tester befindet.

DKW Hummel — 1956

Motor: Einzylinder-Zweitakt, Dauerleistung 1,35 PS bei 4400 U/min., Bergsteigfähigkeit 20%.

Vergaser: Bing-Startvergaser mit Naßluftfilter.

Getriebe und Antrieb: Tretkurbel-Kickstarter, Dreiganggetriebe.

Rahmen: Preßstahlrahmen, kurze Vorderradschwinge mit Gummibandfederung, Schwinge mit Federbeinen hinten.

Bereifung: vorn und hinten 23".

Bremsen: Leichtmetall-Vollnabenbr., Trommel 100 mm ø.

Tankinhalt: 5,5 Ltr., Reserve 1 Ltr., Gemisch 1 : 25.

Verbrauch: Normverbrauch 1,1 Ltr./100 km.

Nähere Angaben waren bei Drucklegung nicht vorhanden.

Preis: DM 598,—.

Steuer: frei.

Versicherung: DM 16,— p. J.

Oben: DKW-Hummel-Standard von 1958
Unten: Die rassige DKW-Sportmaschine Hummel 136

DKW-Hummel von 1956

Hummel-Luxus

Ebenfalls 1956 bringt DKW eine Luxus-Variante. Sie gleicht dem bewährten DKW-Moped, bietet jedoch darüber hinaus verbesserten Schmutzschutz am Vorderkotflügel, reichhaltigere Verchromung und hochglanzpolierte Aluminiumfelgen. Auch die Luxusausführung wird ab 1958 in der geänderten Form angeboten.

DKW Hummel Luxus 1957

Motor: Einzylinder - Zweitakt DKW, Verdichtung 1 : 6,3, Dauerleistung 1,35 PS bei 4400 U/min., Bergsteigfähigkeit 20%.

Vergaser: Bing-Startvergaser mit Naßluftfilter.

Getriebe und Antrieb: Tretkurbel-Kickstarter, Dreiganggetriebe.

Rahmen: Preßstahlrahmen, kurze Vorderradschwinge mit Gummibandfederung, Schwinge mit Federbeinen hinten.

Bereifung: vorn und hinten 23".

Bremsen: Leichtmetall-Vollnabenbr., Trommel 100 mm ø.

Tankinhalt: 5,5 Ltr., Reserve 1 Ltr., Gemisch 1 : 25.

Verbrauch: Normverbrauch 1,1 Ltr./100 km.

Nähere Angaben waren bei Drucklegung nicht vorhanden.

Preis: DM 658,—.

Steuer: frei.

Versicherung: DM 16,— p. J.

DKW-Hummel-Luxus

Hummel-Super

„Sieht dieses Modell nicht wie ein prächtig gesatteltes Reitpferd aus?" fragt die DKW-Werbung in einem Prospekt und meint das völlig neu gestaltete Sportmoped Hummel-Super. 1958 kommt es als erstes Soziusmoped auf den Markt und weist in der Tat eine enorm schnittige Form auf. Der modern gestylte Zylinderkorb, die Farbgebung, die Auspuffführung und der geschwungene Lenker: Man bekommt wirklich Lust, „aufzusteigen und loszufahren".

DKW Hummel Super 1958

Motor: Einzylinder-Zweitakt, DKW, Bohrung 40 mm, Hub 39 mm, Verdichtung 1 : 6,5.

Elektrische Anlage: Magnetzündung, Schwungradlichtmagnetzünder, 17 W.

Getriebe und Antrieb: 3 Gänge, Drehgriffschaltung, Mehrscheibenkupplung im Ölbad, Ziehkeilgetriebe.

Rahmen: Stahlpreßrahmen, Preßblechgabel und kurze Schwinge vorn, Schwinge mit Federbeinen hinten, geschlossener Kettenkasten, Profillenker.

Bereifung: v. 23 x 2,50, h. 23 x 2,50.

Bremsen: Vollnabenbremsen, Trommel ∅ 120 mm.

Tankinhalt: 5,8 l, Reserve 0,5 l, Gemisch 1 : 25.

Verbrauch: 1,1 l/100 km.

Höchstgeschwindigkeit: 40 km/h, Steigfähigkeit 20%.

Abmessungen: Radstand 1145 mm, Länge 1840 mm, Breite 610 mm, Höhe 970 mm, Bodenfreiheit 145 mm, Leergewicht 61 kg.

Preis: DM 816,— (mit Doppelsitzbank und Fußrasten).

Steuer: frei.

Versicherung: DM 16,— p. J.

An der Technik hat sich gegenüber der Standardausführung nicht viel geändert. Der Motor ist der gleiche geblieben und auch die Dreigangschaltung ist übernommen worden. Der Tank faßt jetzt 5,8 Liter, die Gesamtlänge hat 40 mm zugenommen, aber dafür ist die Super etwas schmaler geraten. Die Bodenfreiheit beträgt jetzt 145 mm (Standard 106 mm). Durch die Auslegung für zwei Personen ist das Gewicht auf das Hinterrad auf 160 kg angewachsen (Standard 75 kg) und das zulässige Gesamtgewicht beträgt jetzt 215 kg. Die Innenbackenbremsen vorn und hinten sind verstärkt.

Die Hummel-Super wird offiziell nicht als Sportmoped bezeichnet, weist aber überwiegend Kennzeichen einer Sportausführung auf. Zum Beispiel der Tank: Er ermöglicht sicheren Knieschluß, läßt aber natürlich keinen freien Durchstieg mehr zu. Die DKW-Werbung verspricht dem Erwerber der Super-Hummel ein „grundanständig gebautes Moped", was sicher längst nicht so übertrieben ist wie manche Werbeaussage heute.

DKW-Hummel-Super

Die Hummel-Super ist das letzte Moped, das mit dem Namen DKW gebaut wird. Es folgen Anfang der sechziger Jahre noch einige Mokicks, Maschinen ohne Pedale also, die aber auch Motoren mit weniger als 50 ccm aufweisen. Die Hummel 115 und die 155 erscheinen gleich 1960. Es sind traumhaft schöne Gefährte mit besonders großer Doppelsitzbank und eigenwillig rassig gestylter Scheinwerferanlage. Die Hummel 136 ist eine rassige Sportmaschine mit 2,6 PS, Gebläsekühlung und einem Viergang-Ziehkeilgetriebe mit Fußschaltung. Der Kraftstoffbehälter faßt 10,5 Liter, das zulässige Gesamtgewicht liegt bei 240 kg und der Preis beträgt 1040 DM. Baugleich erscheint die Hummel 136 auch unter der Bezeichnung Vicky 136, womit die Zweiradunion die Victoria-Liebhaber ansprechen will.

1958 mit der Übernahme der DKW-Zweiradproduktion durch die Zweiradunion ändert die Hummel ihr Gesicht. Die Vorderrad-Schutzbleche haben eine Schürze bekommen, der Scheinwerfer ist in die Gesamtkarosserie eingefügt, so daß die neue Hummel noch kompakter wirkt. Die Linierungen sind schwungvoller gezeichnet und inzwischen hat die Normalversion der Hummel die Zusatzbezeichnung „Standard" erhalten.

DKW Hummel Standard **1958**

Motor: Einzylinder-Zweitakt DKW, Verdichtung 1 : 6,5, Dauerleistung 1,35 PS bei 4400 U/min, Bergsteigfähigkeit 20%.

Vergaser: Bing-Startvergaser mit Naßluftfilter.

Getriebe und Antrieb: Tretkurbel-Kickstarter, Dreiganggetriebe.

Rahmen: Preßstahlrahmen, kurze Vorderradschwinge mit Gummibandfederung, Schwingen mit Federbeinen hinten.

Bereifung: vorn und hinten 23".

Bremsen: Leichtmetall - Vollnabenbremse, Trommel 100 mm ⌀.

Tankinhalt: 5,5 l, Reserve 0,5 l, Gemisch 1 : 25.

Verbrauch: Normverbrauch 1,1 100 km.

Höchstgeschwindigkeit: 40 km/h, Steigfähigkeit 20%.

Abmessungen: Radstand 1145 mm, Länge 1840 mm, Breite 610 mm, Höhe 970 mm, Bodenfreiheit 145 mm, Leergewicht 61 kg.

Preis: DM 665,—,

Steuer: frei.

Versicherung: DM 16,— p. J.

Bei der Zweirad-Union in Nürnberg (Victoria, DKW, Express) entsteht 1961 dieses Gefährt, das als DKW-Hummel und Victoria-Kavalier in zwei Versionen angeboten wird: als Typ 115 mit 2 PS und dann als Typ 155 mit 4,2 PS. Große Stückzahlen können trotz der rassigen Form nicht erreicht werden. Diese drei perfekt restaurierten „Blechbananen" (Volksmund) gehören zur Sammlung Udo Hönicke, Frankfurt

DÜRKOPP

Nikolaus Dürkopp, der 1842 in Herford geboren wird, beginnt als Achtzehnjähriger mit der Entwicklung einer Nähmaschine. 1867 gründet er eine eigene Nähmaschinenfabrik, die 1885 die Produktion von Fahrrädern, zunächst noch Hochfahrrädern, aufnimmt. 1894 baut Dürkopp bereits Automobile und 5 Jahre später kommen die ersten Dürkopp-Motorräder auf den Markt. In der ersten Hälfte des 20. Jahrhunderts bleibt es bei der wechselvollen Produktionspolitik: 1912 wird die Motorradproduktion vorerst wieder zugunsten des Automobilbaus eingestellt. Die Nachfolger des Firmengründers, der 1918 stirbt, stellen 1927 die Pkw-Produktion und 1929 die Lkw-Produktion ein. Motorräder werden erst 1935 wieder gebaut: Das Motorfahrrad M 10 ist mit einem 98-ccm-Sachs-Motor ausgerüstet und wird als M 11 auch als elegante Damenversion mit Durchstiegsrahmen angeboten. Nach dem Zweiten Weltkrieg wird die Produktion von Nähmaschinen, Fahrrädern, Förderanlagen und Wälzlagern wieder aufgenommen. Die Motorradfabrikation beginnt 1949 mit Einbaumotoren von Sachs. 1951 gelingt den Bielefeldern mit ihrem Motorrad MD 150 ein großer Wurf. Der eigene, kurzhubige 150-ccm-Zweitaktmotor erreicht 7,5 PS und setzt neue Leistungsmaßstäbe. Auch der 1953 auf den Markt kommende Dürkopp-Motorroller Diana wird ein Verkaufserfolg. Die Mopedgeschichte beginnt bei Dürkopp 1954: Die Fratz betritt die bundesdeutsche Mopedszene.

Dürkopp Fratz II mit Sachs-Motor

Fratz I

Das erste Dürkopp-Moped ist noch mit einem Zweigang-Sachs-Motor ausgestattet und basiert auf einer Fahrradkonstruktion. Der Motor liegt unterhalb der Rahmenspitze, der Tank unter dem Sattel zwischen Rahmen und Hinterrad. So kann die Fratz I einen enorm breiten Einstieg anbieten. Ein großer Verkaufserfolg wird das erste Dürkopp-Moped nicht. Der Durchbruch gelingt erst mit der neuen, schwungvollen Form, die 1955 vorgestellt wird.

Fratz II und Fratz III

Die neue Fratz verfügt über eine üppige Karosserie. Der Stahlpreßrahmen ist elegant geschwungen, der Kraftstoffbehälter integriert. Die Schutzbleche sind weit heruntergezogen und Kleiderschutz ist durch die Seitenverkleidung und den Kettenkasten gewährleistet. Der Scheinwerfer mit eingebautem Tacho ist organisch eingefügt. Die Fratz III ist hinten mit einer stabilen Hinterradschwinge mit hydraulisch gedämpften Federbeinen ausgestattet.

Im Mopedboomjahr 1955 kann Dürkopp insgesamt 7.400 Mopeds absetzen.

Dürkopp Fratz II — 1955

Motor: Einzylinder-Zweitakt Sachs, Bohrung 38, Hub 42, Verdichtung 1:6, Dauerleistung 1 PS bei 4000 U/min., Höchstdrehzahl 4100 U/min.

Vergaser: Bing 1/12/22 D 56/ND 2,10/NS 3.

Elektrische Anlage: Bosch-Schwungradlichtmagnet 6 V 3 W, Kerze Bosch W 175 T 11, Gewinde M 14.

Getriebe und Antrieb: 2 Gänge, Drehgriffschaltung, Zweischeiben-Korklamellenkupplung, Sekundärkette 1/2 x3/16, Abstufung 1:2,89:1,77.

Rahmen: Preßstahlrahmen, Schwinggabel.

Bereifung: v. 23 x 2,00, h. 23 x 2,00, Reifendruck v. 1,1 — h. 1,2.

Bremsen: Innenbackenbr., 90 mm ø.

Tankinhalt: 4,5 Ltr., Reserve 0,65 Ltr., Gemisch 1:25.

Verbrauch: Normverbrauch 1,5 Ltr./100 km.

Abmessungen: Länge 1750 mm, Breite 600 mm, Höhe 980 mm, Radstand 1125 mm, Bodenfreiheit 160 mm, Gewicht 37 kg.

Preis: DM 595,—.

Steuer: frei.

Versicherung: DM 6,— p. J.

Fratz IV

1956 kommt der eigene, neu entwickelte Dreigangmotor MD 50 zum Einbau, ein Einzylinder-Zweitakter mit Fahrtwindkühlung. Das Dreiganggetriebe ist zunächst umstritten. Viele sind der Meinung, drei Gänge seien für ein 48-ccm-Fahrzeug einfach übertrieben und es handele sich hierbei lediglich um einen Propagandaschlager der Hersteller. Aber die Vorteile des Dreigangmopeds setzen sich durch: Das Beschleunigungsvermögen ist erheblich verbessert. Bei Höchstgeschwindigkeit läuft der Motor im dritten Gang ruhiger und das für Mopedfahrer immer problemreiche Bergfahren wird leichter. 1956 auf der IFMA in Frankfurt sind fast alle namhaften Mopedhersteller mit Dreigangmopeds vertreten.

Der erste Gang der Fratz IV reicht bis etwa 15 km/h. Mit dem zweiten Gang kann man bis auf 35 km/h hinauf und ruckfrei noch bis unter die 10 km/h-Grenze gelangen. Der dritte Gang läßt sich von 20 km/h bis zur zulässigen Höchstgeschwindigkeit von 40 km/h beschleunigen. Das neue, zweifarbige Moped, das gegen Aufpreis auch mit Weißwandreifen ausgestattet wird, sorgt 1956 bei Dürkopp noch einmal für relativ hohe Verkaufszahlen (5.197 Stück insgesamt), obwohl die Zweiradkrise bereits einsetzt (1957 = 3.835 Stück, 1958 = 1.350 Stück).

Dürkopp Dianette

Dürkopp Fratz IV — 1957

Motor: Einzylinder - Zweitakt Dürkopp, Bohrung 38, Hub 43, Verdichtung 1 : 6,2, Dauerleistung 1,25 PS bei 5270 U/min.

Vergaser: Bing Einschiebervergaser.

Elektrische Anlage: Noris-Schwungrad-Lichtmagnetzünder, 6 V 17 W, Kerze Bosch W 190 M 11 S, Gewinde M 14.

Getriebe und Antrieb: 3 Gänge, Drehgriffschaltung, Mehrscheibenkupplung, Primärkette 3/8 x 5/32, Sekundärkette 1/2 x 3/16, Abstufung 1 : 4,8 : 3,071 : 2,278.

Rahmen: Preßstahlrahmen, Schwinghebelgabel mit Gummi-Federelementen, Schwinge mit Federbeinen hinten.

Bereifung: v. 23 x 2,00, h. 23 x 2,00, Reifendruck v. 1,5, h. 2,25.

Bremsen: Leichtmetall-Vollnabenbr., Trommel ø 81 mm.

Tankinhalt: 4,5 Ltr., Reserve 0,65 Ltr., Gemisch 1 : 25.

Verbrauch: Normverbrauch 1,2 Ltr./100 km.

Abmessungen: Länge 1750 mm, Breite 600 mm, Höhe 980 mm, Radstand 1175 mm, Bodenfreiheit 160 mm.

Preis: DM 640,—.

Steuer: frei.

Versicherung: DM 16,— p. J.

Dürkopp Dianette — 1961

Motor: Einzylinder-Zweitaktmotor mit Tretkurbeln, Bohrung 38 mm, Hub 43 mm, Dauerleistung 1,7 PS bei 4500 U/min, Verdichtung 6,2:1.

Vergaser: Bing-Einschiebervergaser mit Starterklappe und eingebautem Luftfilter, 12 mm Durchlaß.

Elektrische Anlage: Bosch-Schwungradmagnet 6 V/17 W, Zündkerze Bosch W·195, Champion L 86, Beru 190/14 S.

Getriebe: 3-Gang-Ziehkeil-Schaltgetriebe mit Drehgriffbetätigung, Abstufung 1:4,8:3,071:2,278.

Fahrwerk: Preßblechrahmen mit Schwinge vorn und hinten, Federbeine.

Bereifung: Vorn und hinten 23-2,50.

Bremsen: Leichtmetall-Vollnaben mit 125 mm Ø, Belagbreit 20 mm.

Verbrauch: 1,2 l/100 km.

Höchstgeschwindigkeit: 40 km/h.

Preis: DM 850,—.

Steuer: frei.

Versicherung: DM 20,—.

Dianette

1960 ist auch bei Dürkopp die Zeit reif für ein flottes Moped für zwei Personen. Die Dianette ist natürlich mit dem Dürkopp-Dreigangmotor ausgestattet, der bei der Dianette zunächst mit Tretkurbel, später auch mit Kickstarter angeboten wird. Das formschöne Modell wird vorwiegend in korallrot/grau bestellt, man kann aber auch dianablau/grau, carbonschwarz/grau oder smaragdgrün/grau ordern. Der Tankeinfüllstutzen liegt unter Verschluß, in dem reichlich bemessenen Werkzeugraum läßt sich ein Regenumhang verstauen. Ein kräftiger Kofferträger, Luftpumpe, Soziusfußrasten und Kippständer sind im Preis enthalten. Bei dem Stahlpreßrahmen ist der Tank aufgesetzt, die Schutzbleche sind jetzt geschwungen und die Kette läuft in einem geschlossenen Kasten; das Nachspannen wird durch einen Exzenter vorgenommen. Das Vorderrad hängt in einer Schwinge mit Gummifederung, das Hinterrad wird mit doppelt hydraulisch gedämpften Federbeinen abgefedert. Die Dianette ist das letzte Dürkopp-Moped und sorgt 1960 für einen Mopedabsatz von 4.598 Stück.

Über die Muttergesellschaft „Barthel-Konzern" fusionieren die Dürkopp-Werke Mitte der fünfziger Jahre mit der bekannten Motorradfabrik Ardie. In Bielefeld wird die Zweiradproduktion 1961 eingestellt. Man widmet sich seitdem der Herstellung von Nähautomaten und Förderanlagen. In beiden Bereichen genießt Dürkopp heute Weltgeltung. Der ständig erweiterte und modernisierte Betrieb liegt übrigens noch immer mitten in der ehemaligen Zweiradmetropole Bielefeld.

Dürkopp-Dianette (oben) und Dürkopp-Fratz (unten).
Beide Mopeds aus der Sammlung Udo Hönicke, Frankfurt

Dürkopp Fratz von 1956 mit Sachs-Motor

EXPRESS

„Die älteste Fahrradfabrik des Kontinents" (Werbetext) ist in der Kleinstadt Neumarkt/Oberpfalz in der Nähe von Nürnberg ansässig. Motorräder werden bei Express schon ab 1903 gebaut: Ein- und V-Zweizylindermaschinen mit Motoren von Fafnir. Fahrräder mit Hilfsmotoren von Sachs gibt es Mitte der dreißiger Jahre. Nach dem Krieg werden die stark zerstörten Express-Werke von ehemaligen Mitarbeitern wieder mühsam errichtet. 1949 beginnt die Produktion der berühmten Radex, die in vielen Varianten bis 250 ccm gebaut wird. Die Fahrradherstellung nimmt in der Wirtschaftswunderzeit auch wieder einen beträchtlichen Teil des Gesamtprogramms ein: Vom Kinderrad bis zu hochwertigen Rennmaschinen wird eine lückenlose Typenreihe geboten.

Das Moped Radexi betritt gleich 1953 die deutsche Zweiradszene. In einer gut abgestimmten Typenpalette wird es in Neumarkt bis 1958 gebaut, jenem Jahr also, in dem die traditionsreiche Firma mit dem springenden Windhund als Markenzeichen ihre Selbständigkeit verliert: Express wird mit DKW und Victoria zur Zweirad-Union vereinigt, einer Gruppe des Flick-Konzerns.

Radexi I

Die Radexi ist eines der ersten Mopeds mit Tankrahmen, und Express eine der ersten Fabriken, die einen Motor selbst herstellen. Der gepreßte Tankrahmen verfügt über einen Rohrhinterbau, Patent-Ausfallenden und kräftigen Seitenständer. Bei der Federgabel sind im Gabelkopf Torsionsstäbe eingebaut. Mit nachstellbaren Innenbackenbremsen sind die Volltrommelbremsnaben (vorn und hinten) versehen.

Bei dem Motor handelt es sich um einen luftgekühlten Einzylinder-Zweitakt-Blockmotor. Die Steuerung der Gemischströmung erfolgt durch Schlitze und Kolbenbewegung. Der Zylinderkopf ist aus Leichtmetall, ebenso die Kolben. Die kräftig gelagerte Kurbelwelle läuft in zwei groß dimensionierten Ringschulterlagern. Die Schmierung des Kolbens und Kurbeltriebes geschieht durch dem Kraftstoff beigemischtes Öl. Der Kolbenschiebervergaser ist mit Naßluftfilter, Tupfer und Startautomatik ausgestattet. Die Zweischeiben-Gußlamellenkupplung mit sechs Druckfedern läuft links auf der Kurbelwelle. Die Kraftübertragung erfolgt durch eine im Öl laufende endlose Hülsenkette. Wahlweise ist ein Eingang- oder Zweigang-Wechselgetriebe mit eingebautem Tretkurbeltrieb, Freilauf und Rücktrittvorrichtung erhältlich. Schaltung geschieht durch auf Keilprofil laufender Schaltklaue. Auf das Hinterrad erfolgt die Kraftübertragung durch eine verstärkte, nachstellbare Rollenkette.

Die Radexi ist mit breiten Schutzblechen, wirkungsvollem Kettenschutz, Kleidernetz, verchromtem Auspuff, verstellbarem Lenker, Werkzeugkästen links und rechts am Gepäckträger und verstellbarem Schwingsattel ausgestattet. Wahlweise sind lackierte Stahl- oder polierte Leichtmetallfelgen zu bekommen. Der Einbau eines Tachometers ist vorgesehen. Lackierung: expressgrün, fischsilber oder schwarz.

Express-Radexi I von 1953

Express Radexi I — 1955

Motor: Einzylinder-Zweitakt, Bohrung 42, Hub 36, Verdichtung 1:6,5, Dauerleistung 1,2 PS bei 6000 U/min., Höchstdrehzahl 6000 U/min.

Vergaser: Pallas SE 10/87 HD 55 SPR̄D/543.

Elektrische Anlage: Noris-Zündlichtanlage 6 V 3 W, Kerze Beru 175/14 u 2, Gewinde M 14.

Getriebe und Antrieb: 2 Gänge, Drehgriffschaltung, Zweischeibenkupplung, Primärkette 3/8 x 5/32, Sekundärkette 1/2 x 3/16, Abstufung 1:1,5:1.

Rahmen: Tankrahmen, Pendelgabel.

Bereifung: v. 26 x 2,00, h. 26 x 2,00.

Bremsen: Innenbackenbr., 90 mm ø.

Tankinhalt: 3 Ltr., Reserve 0,5 Ltr., Gemisch 1:25.

Verbrauch: Normverbrauch 1,5 Ltr./100 km, Straßenverbrauch 1,8 Ltr./100 km.

Abmessungen: Länge 1800 mm, Breite 590 mm, Höhe 1040 mm, Radstand 1140 mm, Bodenfreiheit 90 mm, Gewicht 36 kg.

Preis: DM 547,50.

Steuer: frei.

Versicherung: DM 6,— p. J.

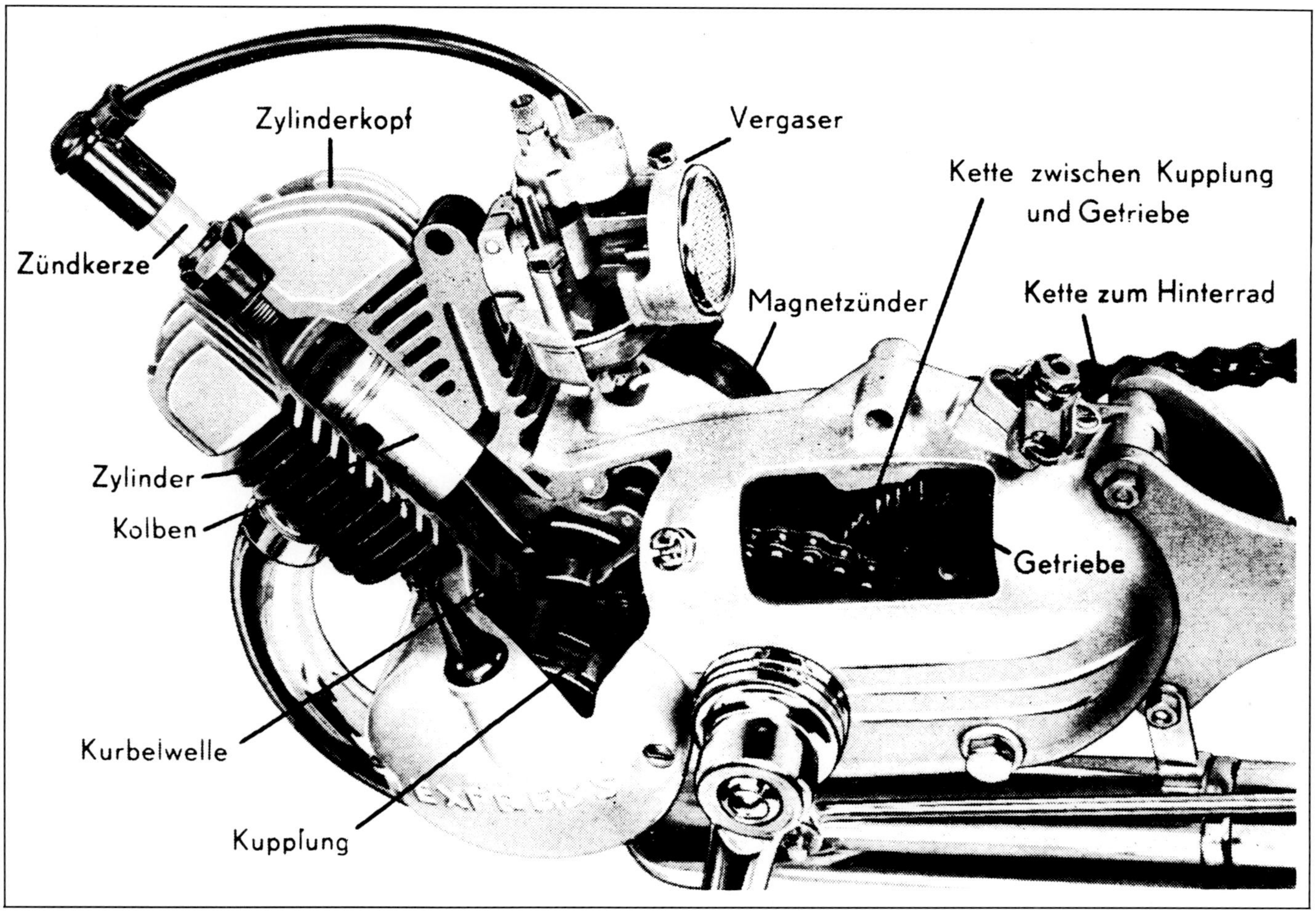

Radexi II

Als erster deutscher Hersteller bringt Express 1955 ein Moped mit Geradwegfederung des Hinterrades auf den Markt, die Radexi II. Der Doppelrohrrahmen ist aus Ovalrohren geschweißt. Bei der Vorderradschwinggabel hängt das Vorderrad in einer gezogenen Schwinge. Die formschön geschwungenen Schutzbleche verfügen über tiefe Seitenverkleidungen, die ein Kleidernetz erübrigen. Die Reifen sind kleiner geworden (23 Zoll). Der Express-Motor M 53 ist nur noch mit Zweiganggetriebe zu bekommen. Bei den Lackierungsmöglichkeiten ist Fischsilber durch Blau ersetzt.

Express Radexi II — 1956

Motor: Einzylinder-Zweitakt, Bohrung 42, Hub 36, Verdichtung 1:6, Dauerleistung 1,2 PS bei 4000 U/min., Höchstdrehzahl 6000 U/min., Dekompressionsventil.

Vergaser: Pallas SE 10/138 HD 57/ SPRD 3308.

Elektrische Anlage: Noris-Zündlichtanlage 6 V 17 W, Kerze 175/14 u 2, Gewinde 14x1,25.

Getriebe und Antrieb: 2 Gänge, Drehgriffschaltung, komb. Kraftübertragung mit Ketten und Zahnrädern i. Ölbad laufend, Pedalstart mit zusätzl. Hebel z. Abschalten d. Getriebes b. Treten als Fahrrad, Zweischeibenkupplung, Primärkette 3/8x 5/32, Sekundärkette 1/2x3/16, Abstufung 1:25,4:15.

Rahmen: Ovalrohrrahmen, Schwinggabel für gezogene Radanordnung, Geradwegfederung mit Öldauerschmierung.

Bereifung: v. 23x2,00, h. 23x2,00, Reifendruck v. 1,1 — h. 1,2.

Bremsen: Stahltrommeln, 100 mm ø.

Tankinhalt: 5,5 Ltr., Reserve 0,5 Ltr., Gemisch 1:25.

Verbrauch: Normverbrauch 1,8 Ltr./ 100 km.

Abmessungen: Länge 1775 mm, Breite 605 mm, Höhe 920 mm, Radstand 1140 mm, Bodenfreiheit 160 mm, Gewicht 38 kg.

Preis: DM 575,—.

Steuer: frei.

Versicherung: DM 16,— p. J.

Express-Radexi II

Radexi III

Das rassige Vollschwingenmoped erscheint 1956 und ist in drei Ausführungen zu erhalten: Standard, Luxus und Sport. Die neuartige Preßstahlgabel vereint die Vorteile von Schwing- und Teleskop-Federung. Die Radstöße gehen direkt in die Teleskop-Federstreben, die in den Gabelscheiden liegen und miteinander verbunden sind. Am unteren Ende sind die Teleskop-Federstreben über Schwingarme mit den Gabelscheiden verbunden. Der schon bei der Radexi II verwendete Doppelovalrohrrahmen ist weiterentwickelt. Der Rahmenauslauf am Hinterbau nimmt Hinterradschwinge und die Teleskop-Federung auf. Die Standard ist mit Schwingsattel, Vollnaben und Gepäckträger ausgestattet. Als Farben stehen Schwarz, Grün und Blau zur Wahl. Den Tacho im Schalenlenker gibt es gegen Aufpreis. Die Luxus ist zweifarbig (grün-beige, blau-beige oder schwarz-beige) und verfügt über eine Sitzbank, Sitzrohrverkleidung und einen Kofferträger. Tacho wird ebenfalls auf Wunsch geliefert. Die Sport ist blaurot lackiert und fällt durch den voluminösen Tank aus der Reihe. Auch hier gibt es die Sitzrohrverkleidung und die Sitzbank mit Kofferträger inklusive und Tacho gegen Aufpreis.

Express-Doppelovalrohrrahmen

Express Radexi III Luxus — 1956

Motor: Einzylinder-Zweitakt, Bohrung 42, Hub 36, Verdichtung 1:6, Dauerleistung 1,2 PS bei 4000 U/min., Höchstdrehzahl 6000 U/min., Dekompressionsventil.

Vergaser: Pallas SE 10/1381 HD 57/ SPRD 3308.

Elektrische Anlage: Noris-Zündlichtanlage 6 V 17 W, Kerze 175/14 u 2, Gewinde 14 x 1,25.

Getriebe und Antrieb: 2 Gänge, Drehgriffschaltung, komb. Kraftübertragung mit Ketten und Zahnrädern i. Ölbad laufend, Pedalstart mit zusätzl. Hebel z. Abschalter d. Getriebes b. Treten als Fahrrad, Zweischeibenkupplung, Primärkette 3/8 x 5/32, Sekundärkette 1/2 x 3/16, Abstufung 1:25,4:15.

Rahmen: Ovalrohrrahmen, Schwinggabel für gezogene Radanordnung, Schwinge mit Federbeinen hinten.

Bereifung: v. 23 x 2,00, h. 23 x 2,00, Reifendruck v. 1,1 — h. 1,2.

Bremsen: Stahltrommeln, 100 mm ø.

Tankinhalt: 5,5 Ltr., Reserve 0,5 Ltr., Gemisch 1:25.

Verbrauch: Normverbrauch 1,8 Ltr./ 100 km.

Abmessungen: Länge 1775 mm, Breite 605 mm, Höhe 920 mm, Radstand 1140 mm, Bodenfreiheit 160 mm, Gewicht 38 kg.

Preis: DM 575,—.

Steuer: frei.

Versicherung: DM 16,— p. J.

Express-Radexi III Sport

Express-Radexi III Standard

Express Radexi III Sport — 1957

Motor: Einzylinder-Zweitakt Expreß, Bohrung 42, Hub 38, Verdichtung 1:6, Dauerleistung 1,2 PS bei 5600 U/min., Höchstdrehzahl 6000 U/min.

Vergaser: Pallas F 10/1381 HD 57/ SPRD 3308.

Elektrische Anlage: Noris-Zündlichtanlage, 6 V 17 W, Kerze Bosch W 190 M 11 S, Gewinde M 14.

Getriebe und Antrieb: 2 Gänge, Drehgriffschaltung, Kraftübertragung mit Ketten und Zahnrädern im Ölbad, Primärkette 3/8 x 5/32, Sekundärkette 1/2 x 3/16, Abstufung 1:25,4 : 15.

Rahmen: Ovalrohrrahmen, Schwinggabel, Schwinge mit Federbeinen hinten.

Bereifung: v. 23 x 2,00, h. 23 x 2,00, Reifendruck v. 1,1, h. 1,2.

Bremsen: Stahltrommeln, Trommel Ø 100 mm.

Tankinhalt: ca. 7 Ltr., Gemisch 1:25.

Verbrauch: Normverbrauch 1,8 Ltr./ 100 km.

Abmessungen: Breite 550 mm, Länge 1790 mm, Höhe 930 mm, Radstand 1130 mm, Bodenfreiheit 150 mm, Gewicht 43 kg.

Preis: DM 612,—.

Steuer: frei.

Versicherung: DM 16.— p. J.

Express-Radexi III Luxus

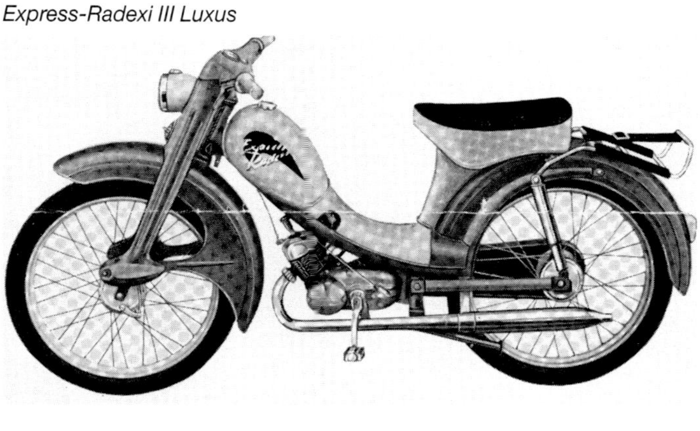

Radexi III-58

Anfang 1958 sind die Radexis auch mit Dreiganggetriebe (Express M 54) lieferbar, wobei auch weiterhin die Zweigangversion (Express M 53) zur Wahl steht. Jetzt werden vier Ausführungen angeboten: Standard, Luxus, Sport und neu die Super. Bei den ersten drei Versionen ist der Tank verchromt, und wie schon bei der Radexi III liegt bei diesen Typen der gleiche Grundaufbau zugrunde, so daß es auch für

Laien möglich ist, das Modell in den gewünschten Typ zu verändern. Die Standard wird in Schwarz geliefert, mit Sitzrohrverkleidung und eingebautem Tacho. Die Luxus gibt es in Grün, Schwarz oder Blau, Weißwandreifen sind serienmäßig, ebenso die Sitzbank, die Motorverkleidung, der Kofferträger und der 15-Watt-Scheinwerfer. Die Sport verfügt über die gleichen Vorzüge, ist aber wieder zweifarbig lackiert und außer in Blau-Rot nun auch in Schwarz-Rot erhältlich. Die Super nennt sich Rollermoped und ist mit üppiger Verkleidung bedeckt. Der Tank ist unter der Sitzbank versteckt. Breite Beinbleche schützen Fahrer oder Fahrerin. Die schwungvolle Lackierung ist blau-beige mit roter Linierung und passend zum rotem Sitzkissen.

Express-Radexi III-58 Luxus

Express III/58 Standard — 1958

Motor: Einzylinder Zweitakt, Bohrung 42 mm, Hub 36 mm, Verdichtung 1 : 6, Dauerleistung 1,25 PS bei 5600 U/min.

Vergaser: Bing 1/8/27 mit Ansauggeräuschdämpfer und Fernstarthebel am Lenker.

Elektrische Anlage: Bosch-Zündlichtanlage, 6 V 17 W.

Getriebe und Antrieb: 2 Gänge, Drehgriffschaltung, Zweischeiben-Kupplung im Ölbad, Gesamtübersetzung 1:25,4:14,9, (bei 3-Ganggetriebe 1:29,25:18,40:13,50).

Rahmen: Doppelovalrohr - Rahmen, Preßblechgabel, gezogene kurze Schwinge mit Schraubenfedern, hinten Schwinge mit Federbeinen.

Bereifung: v. 23 x 2,00, h. 23 x 2,00.

Bremsen: Vollnabenbremsen, Trommel ⌀ 90 mm.

Tankinhalt: 5,5 l, Reserve 0,5 l, Gemisch 1 : 25.

Verbrauch: 1,8 l/100 km.

Abmessungen: Länge 1775 mm, Breite 605 mm, Höhe 920 mm, Radstand 1140 mm, Gewicht ca. 35 kg.

Preis: DM 685,— (Aufpreis für 3-Gang-Motor DM 22,50

Steuer: frei.

Versicherung: DM 16,— p. J.

Express-Radexi III-58 Rollermoped

Express III/58 Luxus — 1958

Motor: Einzylinder, Zweitakt, Bohrung 42 mm, Hub 36 mm, Verdichtung 1 : 6, Dauerleistung 1,25 PS bei 5600 U/min.

Vergaser: Bing 1/8/27 mit Ansauggeräuschdämpfer und Fernstarthebel am Lenker.

Elektrische Anlage: Bosch-Zündlichtanlage, 6 V 17 W.

Getriebe und Antrieb: 3 Gänge, Drehgriffschaltung, Zweischeiben-Kupplung im Ölbad, Gesamtübersetzung 1:29,25:18,40:13,50. (Auch mit 2-Ganggetriebe lieferbar).

Rahmen: Doppelovalrohr-Rahmen, Preßblechgabel, gezogene kurze Schwinge mit Schraubenfedern, hinten Schwinge mit Federbeinen.

Bereifung: v. 23 x 2,25, h. 23 x 2,25.

Bremsen: Vollnabenbremsen, Trommel ⌀ 90 mm.

Tankinhalt: 5,5 l, Reserve 0,5 l, Gemisch 1 : 25.

Verbrauch: 1,8 l/100 km.

Abmessungen: Länge 1775 mm, Breite 605 mm, Höhe 920 mm, Radstand 1140 mm, Gewicht ca. 40 kg.

Preis: DM 725,—.

Steuer: frei.

Versicherung: DM 16,— p. J.

Zweirad-Union Express TS

Zweirad-Union Express Super MP

Nach der Übernahme von Express durch die Zweirad-Union in Nürnberg werden mit der Markenbezeichnung Express weiterhin vier Mopedvarianten angeboten. Die Standard, eine preiswerte einsitzige Ausführung mit Schwingsattel, die TS, zweisitzig mit Sitzbank, die Super MP, zweisitzig und mit neuer Teleskop-Federgabel, und die Carino MP, eine rassige Sportmaschine. Die beiden zuletzt genannten Typen sind auch als Mokick und Kleinkraftrad zu haben.

FALTER

Die von Max Tallardt 1927 in Bielefeld gegründete Falter-Fahrradfabrik bietet von 1953 bis 1959 ein vielfältiges Mopedprogramm mit Motoren von Ilo, Sachs und Zündapp. Es beginnt mit der Star, einem einfachen Moped mit doppeltem Stahlrohrrahmen. Die Completta mit Sachs-Motor folgt 1954. Das Fahrgestell ist mit einer Schutzverkleidung ausgestattet, die an den Innenseiten Befestigungshaken für kleinere Gepäckstücke aufweist. Varianten zur Completta erscheinen 1955 mit Ein- und Zweiganggetrieben von Ilo und Zündapp. Ebenfalls 1955 kommt ein Zweigang-Transportmoped auf den Markt, das zunächst mit dem Zündapp-Motor, später auch mit Sachs-Motor zu haben ist. Umfangreichere Verkleidungen kennzeichnen die Falter-Mopeds von 1956. Die 301 hat noch den Einrohrrahmen aber hinten schon die Teleskopfederung. Die 401, mit sportlicher Doppelsitzbank, weist einen Blechpreßrahmen auf. 1957 erscheinen zwei Mopeds, die hinten mit Schwinge mit Federbeinen abgefedert werden: Die 305 wird mit dem Einrohrrahmen geliefert, der weitgehend verkleidet ist. Die sportliche Variante 405 hebt sich durch die Doppelsitzbank und eine Rahmenverkleidung ab, die einen freien Durchstieg nicht ermöglicht. Eine richtige Sportmaschine wird von Falter 1958 präsentiert, die 305 Sport, der kurze Zeit später die 400 Luxus-Sport folgt, die den Falter-Mopedreigen beendet.

Falter-Star 10

Falter-Completta von 1955

Falter 301

Falter 401

Falter Completta — 1955

Motor: Einzylinder-Zweitakt Sachs, Bohrung 38, Hub 42, Verdichtung 1:6, Dauerleistung 1 PS bei 4000 U/min., Höchstdrehzahl 5400 U/min.

Vergaser: Bing 1/12/20 mit Starteinrichtung, Einstellung HD 56/ND 2.1/Nstlg. 3. Kerbe von oben.

Elektrische Anlage: Bosch LM/UR 1/115/3 R 1 6 V 3 W, Kerze Bosch W 175 T 11, Gewinde M 14 x 1,25.

Getriebe und Antrieb: 2 Gänge, Drehgriffschaltung, Zweischeibenkupplung, Primärkette 3/8 x 5/32 = 38 Rollen, Sekundärkette 1/2 x 3/16 = 98 Rollen, Abstufung 2,89 : 1,77 : 1, Übersetzung gr. Gang 17,06 = 40 km/h.

Rahmen: Geschweißter Einrohrrahmen, Teleskopgabel, Schwingsattel.

Bereifung: v. 23 x 2,00, h. 23 x 2,00, Reifendruck v. 1,6 — h. 2,0.

Bremsen: Trommelbremsn., 80 mm ø.

Tankinhalt: 5,5 Ltr., Reserve 1 Ltr., Gemisch 1:25.

Verbrauch: Normverbrauch 1,2 Ltr./100 km, Straßenverbrauch 1,8 Ltr./100 km.

Gewicht: ca. 33 kg.

Preis: DM 611,50

Steuer: frei.

Versicherung: DM 6,— p. J.

Falter 405 — 1957

Motor: Einzylinder-Zweitakt Sachs, Bohrung 38, Hub 42, Verdichtung 1:6, Dauerleistung 1 PS bei 4100 U/min., Höchstdrehzahl 5500 U/min.

Vergaser: Bing 1/12/22 HD 56/ND 1517/NS 3.

Elektrische Anlage: Bosch-Schwungradlichtmagnet 6 V 17 W, Kerze Bosch W 190 M 11 S, Gewinde M 14.

Getriebe und Antrieb: 3 Gänge, Drehgriffschaltung, Zweischeiben-Korklamellenkupplung, Sekundärkette 1/2 x 3/16, Abstufung 1:34,8 : 21,2 : 14,1.

Rahmen: Rohrrahmen, verkleidet, Teleskopgabel, Schwinge mit Federbeinen hinten.

Bereifung: v. 23 x 2,00, h. 23 x 2,00, Reifendruck v. 1,1 — h. 1,2.

Bremsen: Vollnabenbremsen, Trommel ø 90 mm.

Tankinhalt: 5,5 Ltr., Gemisch 1:25.

Verbrauch: Normverbrauch 1,3 Ltr./100 km.

Abmessungen: Länge 1750 mm, Breite 600 mm, Höhe 1020 mm, Radstand 1120 mm, Bodenfreiheit 200 mm.

Preis: DM 679,50.

Steuer: frei.

Versicherung: DM 16,— p. J.

FICHTEL & SACHS

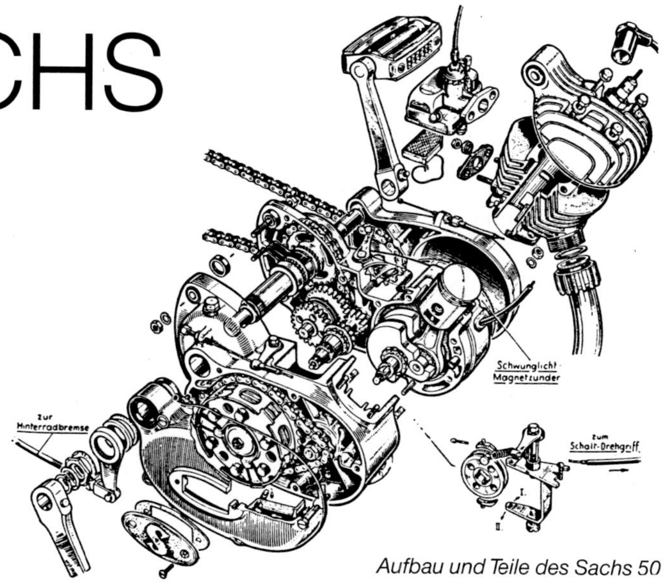

Aufbau und Teile des Sachs 50

Zusammen sind sie schon seit 1895: Ernst Sachs und Karl Fichtel gründen die Schweinfurter Präcisions-Kugellagerwerke. Zu der Kugellagerproduktion kommen 1903 die berühmte „Torpedo-Freilaufnabe" und 1905 die erste Mehrgangnabe. 1911 stirbt Karl Fichtel, 1929 wird die Kugellagerproduktion an SKF verkauft, und nach dem Tod von Ernst Sachs übernimmt Willy Sachs 1932 die Leitung der Firma. 1945 sind die Produktionsanlagen zum größten Teil zerstört, der Wiederaufbau beginnt mit immerhin 2.800 Mitarbeitern. 1963 übernimmt die Fichtel & Sachs-Gruppe die Rabeneick GmbH in Brackwede bei Bielefeld und die Nürnberger Hercules-Werke als Tochtergesellschaften, und 1966 wird auch noch die Zweirad-Union (Victoria, DKW, Expreß) eine F&S-Tochter. In der Folgezeit erwirbt das expansionsfreudige Unternehmen Betriebe in einigen europäischen Ländern, den USA und Kanada und kann heute auf einen jährlichen Umsatz von mehr als 2 Milliarden DM und rund 16.000 Beschäftigte verweisen. In Schweinfurt werden Kfz-Teile, Motoren, Fahrradantriebe, Kleingetriebe, Schmiede- und Preßteile hergestellt und in Kitzingen Gußteile. Fichtel & Sachs produzierte bis jetzt etwa 330 Millionen Naben- und Kettenschaltungen, über 90 Millionen Kupplungen und mehr als 10 Millionen Motoren.

Bereits vor dem Zweiten Weltkrieg unternimmt F&S den Versuch, mit der motorisierten Freilaufnabe Saxonette das Fahrrad zu motorisieren. Nach dem Krieg erscheint der Sachs 50, ein Mopedmotor, der mit dem eingebauten Tretkurbeltrieb von vornherein für den Einbau in Spezial-Mopedrahmen gedacht ist. Der Motor ist mit einem Graugußzylinder und abnehmbarem Leichtmetallkopf ausgerüstet. Die kräftig gelagerte Kurbelwelle mit Leichtmetallpleuel treibt über eine Rollenkette und eine Zweischeiben-Korklamellenkupplung das Zweiganggetriebe an. Die Tretkurbeln wirken über eine Rollenkette auf die Nebenwelle, so daß in der Leerlaufstellung Tretkurbelbetrieb ohne Ziehen der Kupplung über die einzige Hinterradkette möglich ist. Eine steilgängige Schnecke bewirkt beim Zurücktreten der Tretkurbeln die Betätigung der Hinterradbremse. Das Öl läuft aus dem Getriebegehäuse durch eine Überlaufbohrung in das Kupplungsgehäuse, wird hier von der Kette mitgenommen und in eine Fangrinne gefördert, von der es wieder in das Getriebegehäuse zurückgeleitet wird. Durch diesen ständigen Ölumlauf wird eine intensive Schmierung bei erheblich verringerten Panschverlusten erzielt. Der Bing-Vergaser mit Naßluftfilter und Starteinrichtung ist organisch in den Block eingefügt.

1957 bringt F&S auch einen Motor mit Dreiganggetriebe, den Sachs 50 G 3, heraus. In den späten fünfziger Jahren folgen stärkere Versionen mit 1,6 PS bei 4500 U/min. und 2 PS bei 5800 U/min.

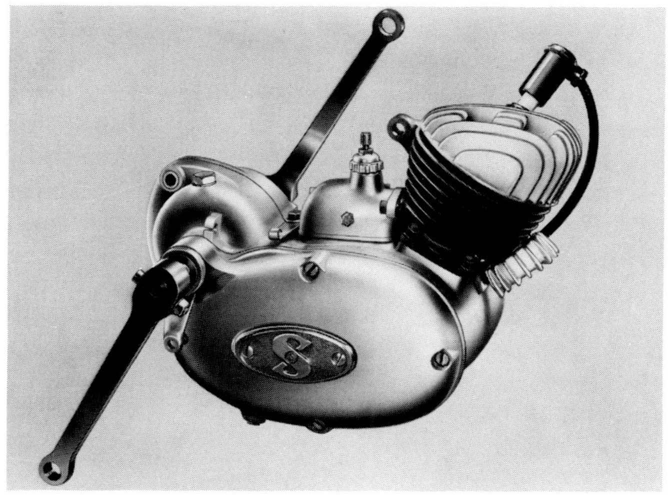

Moped-Motor Sachs 50 (1953)

Fichtel & Sachs Einbaumotor — **1955**

Motor: Luftgekühlter Einzylinder-Zweitakt, Bohrung 38, Hub 42, Verdichtung 1:6, Dauerleistung 1 PS bei 4000 U/min., Höchstdrehzahl 4100 U/min.

Vergaser: Bing 1/12/22 HD 56/ND 2,10/NS 3.

Elektrische Anlage: Schwungradlichtmagnet 6 V 3 W / 15 W, Kerze Bosch W 175 T 11, Gewinde M 14.

Getriebe und Antrieb: 2 Gänge, Mehrscheiben-Korklamellenkupplung, Sekundärkette 1/2 x 3/16, Abstufung 1: 2,89 : 1,77, Kraftübertragung durch Kette auf Hinterrad.

Kraftstoff und Schmierung: Öl-Benzin-Gemisch 1 : 25.

Verbrauch: Normverbrauch 1,5 Ltr./100 km.

Steigfähigkeit (ohne Mittreten): 16 bis 18%.

Gewicht: 10 kg.

Preis: Motor wird nur an Fabriken zum Einbau abgegeben.

Moped-Motor Sachs 50 (1955)

GOEBEL

Die Fahrzeugfabrik Karl Goebel in Bielefeld, die überwiegend Fahrräder und Fahrradrahmen, aber auch Kinderfahrzeuge herstellt, baut Mopeds ab 1953. Die ersten heißen Pikkolo und Kobold. Die Pikkolo mit Eingang-Ilo-Motor verfügt über einen Zentralrohrrahmen. Die Kobold wird mit dem Zweigang-Sachs-Motor und Einrohrrahmen geliefert. Die Variante mit dem Zündapp-Motor nennt sich GZ 50 und ist ebenfalls schon 1953 lieferbar. 1955 heißen die Goebel-Mopeds GS II (Sachs-Motor) und GI II (Ilo-Motor). Das Folgemodell von 1956 läuft unter der Bezeichnung GS III, und im gleichen Jahr erscheint noch die Goebel-Avus mit Preßstahlrahmen in Schalenbauweise. Der Sachs-Motor ist stromlinienförmig abgedeckt. Die Teleskopvordergabel ist verchromt, und die Hinterradschwinge mit Federbeinen bedarf keiner Wartung. Die Avus gibt es in Zweifarbenausführungen. 1958 wird der Tank vergrößert, und die seitlichen Motorbleche sind leicht verändert. Die Ausführung GS III ist mit dem Zweigang-Sachs-Motor und die GS IV mit dem Dreigang-Sachs-Motor ausgestattet. Ein sportliches Moped mit Sitzbank für zwei Personen, die Avus GS V, kommt 1961. Die Hinterrad-Langhubschwinge mit Teleskop-Federbeinen ist wartungsfrei gelagert. Der Tank faßt neun Liter, und drei Lackierungsmöglichkeiten stehen zur Wahl: delphinblau mit elfenbein, türkisgrün mit elfenbein und schwarz mit florentinerrot. In den sechziger Jahren folgen bei Goebel weitere sportliche Mopeds mit Preßstahlrahmen und ein Kleinkraftrad mit dem 3,2-PS-Sachs-Motor.

Goebel 50 — 1956

Motor: Luftgekühlter Einzylinder-Zweitakt, Bohrung 38, Hub 42, Verdichtung 1:6, Dauerleistung 1 PS bei 4000 U/min., Höchstdrehzahl 4100 U/min.

Vergaser: Bing 1/12/22 HD 56 ND 2,10/NS 3,

Elektrische Anlage: Schwungradlichtmagnet 6 V 3 W/17 W, Kerze Bosch W 175 T 11, Gewinde M 14.

Getriebe und Antrieb: 2 Gänge, Mehrscheiben - Korklamellen - Kupplung, Sekundärkette ½ x 3/16, Abstufung 1:2,89 :1,77, Kraftübertragung auf Hinterrad durch Kette.

Rahmen: Preßstahlrahmen in Schalenbauweise, Teleskopgabel, Schwinge mit Federbeinen hinten.

Bereifung: v. 23 x 2, h. 23 x 2.

Bremsen: F & S-Vollnabenbremsen.

Tankinhalt: 6 Ltr., Reserve 0,5 Ltr., Gemisch 1:25.

Verbrauch: Normverbrauch 1,5 Ltr./100 km.

Preis: DM 639,—.

Steuer: frei.

Versicherung: DM 16.— p. J.

Goebel Avus GS III — 1957

Motor: Einzylinder - Zweitakt Sachs, Bohrung 38, Hub 42, Verdichtung 1:6, Dauerleistung 1,25 PS bei 4100 U/min., Höchstdrehzahl 5500 U/min.

Vergaser: Bing 1/12 HD 56, ND [illegible]517, NS 2.

Elektrische Anlage: Schwungradlichtmagnet 6 V 17 W, Kerze W 190 M 11 S, Gewinde M 14.

Getriebe und Antrieb: 2 Gänge, Mehrscheiben - Korklamellen - Kupplung, Sekundärkette ½ x 3/16, Abstufung 1:26,7:15,4, Kraftübertragung auf Hinterrad durch Kette.

Rahmen: Preßstahlrahmen in Schalenbauweise, Teleskopgabel, Schwinge mit Federbeinen hinten.

Bereifung: v. 23 x 2,00, h. 23 x 2,00.

Bremsen: F&S-Vollnabenbremsen.

Tankinhalt: 6 Ltr., Reserve 0,5 Ltr., Gemisch 1:25.

Verbrauch: Normverbrauch 1,3 Ltr./100 km.

Preis: DM 639,—, mit 3-Gang-Motor DM 697,—.

Steuer: frei.

Versicherung: DM 16.— p. J.

Goebel-Avus GS II

Goebel-Avus GS III

Goebel-Avus GS IV

Goebel-Avus GS V

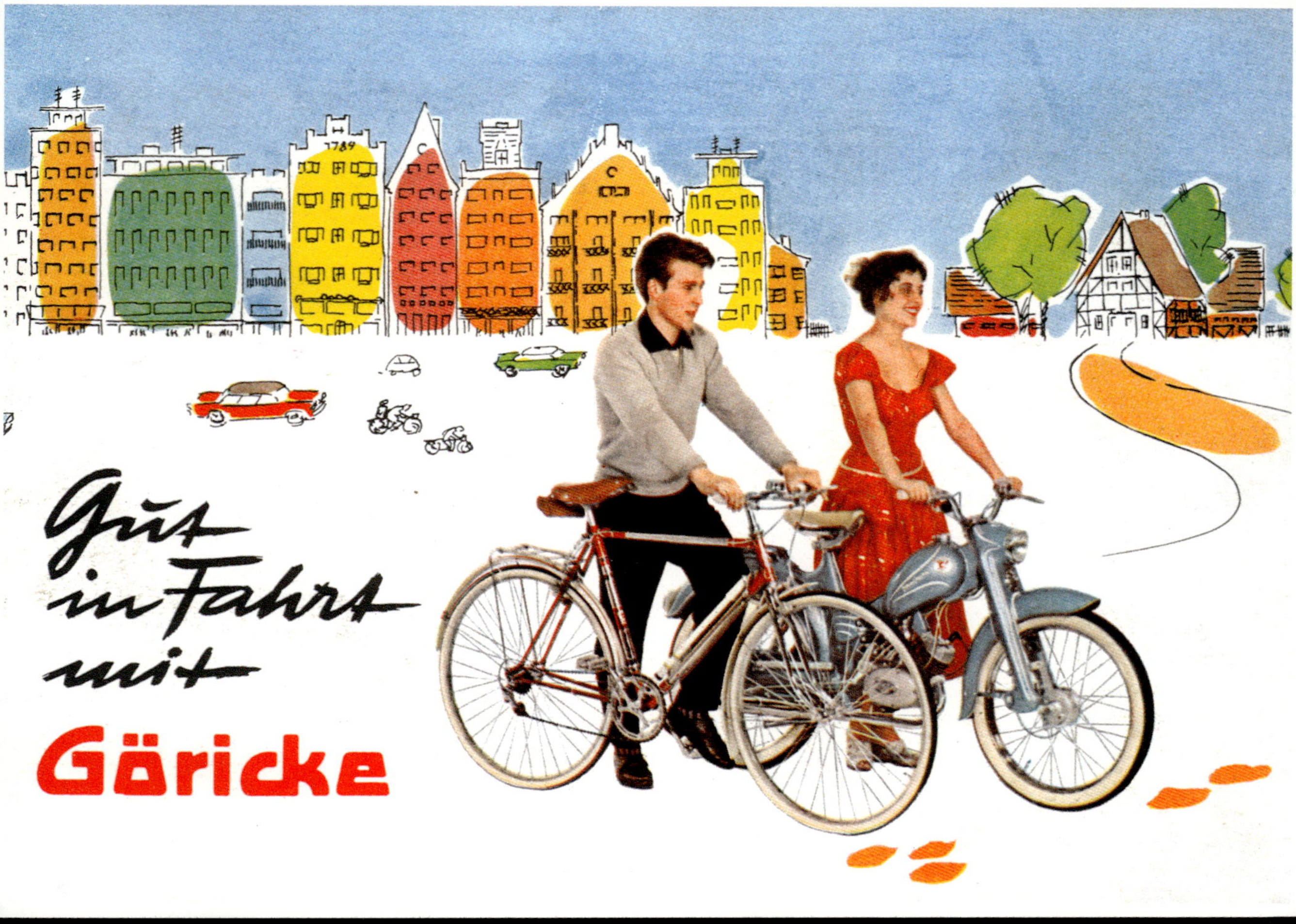

Im Hintergrund: Göricke-Diva-Supra

Göricke-Diva-Sport

GÖRICKE

Als die Bielefelder Görickewerke 1951 ihre Mopedvorläuferin „Regina" auf den Markt bringen, können sie auf eine mehr als 75jährige Firmentradition verweisen. 1874 gründet August Göricke eine Nähmaschinengroßhandlung. Kurze Zeit später wird daraus eine Fahrradfabrik, deren Produkte beachtliches Ansehen erringen. 1903 steigt Göricke in das vielversprechende Motorradgeschäft ein. Seinen Maschinen werden Fafnir-Motoren eingebaut, aber schon vor dem Ersten Weltkrieg ist mit dem Motorradbau wieder Schluß, um Ende der zwanziger Jahre erneut aufgenommen zu werden. Jetzt kommen Blackburne-, MAG- und Villiers-Motoren zum Einbau. Anfang der dreißiger Jahre ist zunächst wieder Pause im Motorradbau und bis zum Zweiten Weltkrieg werden außer Fahrrädern noch Mofas mit Sachs-Motoren hergestellt. Nach dem Zweiten Weltkrieg beginnt die Produktion der Görickewerke, die inzwischen in den Besitz von Erich Nippel übergegangen sind, wieder mit Motorrädern bis 200 ccm. Die Mopedproduktion wird mit einem Fahrrad mit Hilfsmotor eingeleitet: Die Regina mit ihrem 48-ccm-Ilo-Motor erscheint 1951 und wird 1954 von „richtigen" Mopeds abgelöst. Domina und Diva rollen auf den deutschen Mopedmarkt, der gerade Hochkonjunktur verzeichnet.

Göricke-Regina von 1951

Göricke-Domina

Domina

Die Domina ist die konsequente Weiterentwicklung der Regina. Sie verfügt noch über den Doppelrohrrahmen, der Motor aber liegt zwischen einem Oberrohr und zwei Unterrohren. Das leicht gebaute Fahrgestell benötigt zur Verwindungssteifheit verschiedene Verstrebungen. Ein einfacher Kettenschutz und Fahrradschutzbleche bieten wenig Schmutzschutz. Der Tank ist zwischen den Rohren angebracht und faßt 3 Liter, womit man etwa 250 km fahren kann. Der 3-Watt-Scheinwerfer, Gepäckträger und Aufstellvorrichtung sind kräftig und solide gefertigt. Als Motor stehen der Zweigang-Sachs oder der Eingang-Ilo zur Auswahl. Der 47-ccm-Sachs-Motor leistet 1,25 PS, verbraucht 1,2 Liter und ist luftgekühlt. Auf Wunsch kann die Domina mit Teleskopgabel und in den Scheinwerfer eingebautem Tacho bestellt werden. Die Lackierung ist blau oder schwarz mit Goldlinierung.

Die Domina, auch unter der Bezeichnung „Domino" im Handel, wird für 496 DM geliefert. 1955 wird die Produktion zu Gunsten der hübscheren „Diva" eingestellt.

Göricke-Diva-Luxus von 1955

Diva-Luxus

Vorgestellt wird die Diva-Luxus bereits Ende 1954, die Serienproduktion beginnt Anfang 1955. Zunächst ist die formschöne Diva nur mit dem Eingang-Ilo-Motor mit 48 ccm Hubraum, später auch mit dem Zweigang-Sachs-Motor erhältlich. Der Ilo-Motor ist so eingebaut, daß er tief unter dem kräftigen Einrohrrahmen liegt und vom Sitzrohr getragen wird. Ein Verstärkungsdreieck am Steuerkopf, durch den aufgesetzten Tank verdeckt, und ein Verstärkungsblech zwischen Rahmen- und Sitzrohr sorgen für Torsionsfestigkeit. Durch den aufgesetzten 5-Liter-Tank und das relativ hoch liegende Rahmenrohr ist der Durchstieg gegenüber der Domina sehr beengt. Das Erscheinungsbild profitiert jedoch von dieser Formgebung und das ist für den Absatz entscheidend: Die Diva wird ein Verkaufshit. Die Kette ist beidseitig abgedeckt, Motorverkleidung wird noch nicht angeboten. Am Lenker befindet sich ein Ferntipper für den Vergaser und am Scheinwerfer ist der Unterbrecherknopf angebracht. Der Abblendschalter befindet sich am Lenker. Die Diva-Luxus wird mit blauer Emaillierung mit Linien geliefert, wobei die Tankspiegel weiß sind. Auf Wunsch sind Tacho im Scheinwerfer und Teleskopfedergabel lieferbar. Der Kaufpreis bei Erscheinen: 548 DM. Ende 1955 wird die Diva-Luxus optisch erheblich verfeinert. Die Schutzbleche sind verbreitert, das Rahmendreieck ist verkleidet und auch für den Motor werden Verkleidungsbleche angeboten. Der Ilo-Motor verfügt jetzt über zwei Gänge. Tacho im Scheinwerfer ist serienmäßig, ebenso die Teleskopgabel. Als Farben werden nilgrün und schwarz angeboten.

Diva-Luxus-Schwing

1955 wird die Diva mit einer Hinterradschwinge mit Gummielementen ausgerüstet. 1956 erhält sie die von Göricke entwickelte Vorderradschwinggabel aus Preßstahl und eine neue Linienführung mit völliger Verkleidung von Motor, Getriebe, Federelementen und Laufrädern. Der Kettenkasten ist geschlossen, der Scheinwerfer harmonisch in den Gabelkopf eingebaut. Als „Sonntagskind" der Göricke-Produktion wird die Schwing-Export propagiert, die Vollnabenbremsen mit Rillenkörper, überdimensionierte Bereifung (23 x 2,25) und einen Tachometer aufweist. Die Farben: Schwarz, Nilgrün und zweifarbig grün. 1958 wird die Diva-Luxus bei Göricke unter der Bezeichnung „314" geführt. Das Göricke-Schwingrahmensystem hat sich bewährt und findet große Zustimmung. Der Tankspiegel ist jetzt verchromt und auf Wunsch sind Weißwandreifen, Steckachse und Kindersitz lieferbar. Außerdem kann man zwischen dem Sachs-Zweigang- und Sachs-Dreigangmotor wählen.

Diva Luxus Schwing — 1955

Motor: Einzylinder-Zweitakt Sachs, Bohrung 38, Hub 42, Verdichtung 1:6, Dauerleistung 1 PS bei 4000 U/min., Höchstdrehzahl 4100 U/min.

Vergaser: Bing 1/12/22 HD 56/ND 2,10/NS 3.

Elektrische Anlage: Bosch-Schwungradlichtmagnet 6 V 3 W, Kerze Bosch W 175 T 11, Gewinde M 14.

Getriebe und Antrieb: 2 Gänge, Drehgriffschaltung, Zweischeiben-Korklamellenkupplung, Sekundärkette 1/2 x 3/16, Abstufung 1:2,98:1,77.

Rahmen: Rohrrahmen, Teleskopgabel, Schwinge mit Gummielement hinten.

Bereifung: v. 23 x 2,00, h. 23 x 2,00, Reifendruck v. 1,1 — h. 1,2.

Bremsen: Innenbackenbr., 90 mm ø.

Tankinhalt: 5,5 Ltr., Reserve 0,5 Ltr., Gemisch 1:25.

Verbrauch: Normverbrauch 1,5 Ltr./100 km, Straßenverbrauch 1,7 Ltr./100 km.

Abmessungen: Länge 1780 mm, Breite 600 mm, Höhe 980 mm, Radstand 1114 mm, Bodenfreiheit 100 mm, Gewicht 38 kg.

Preis: DM 599,—.

Steuer: frei.

Versicherung: DM 6,— p. J.

Diva-Luxus-Schwing-Export

Diva Luxus Schwing Export — 1957

Motor: Einzylinder-Zweitakt Sachs, Bohrung 38, Hub 42, Verdichtung 1:6, Dauerleistung 1,25 PS bei 4100 U/min., Höchstdrehzahl 5500 U/min.

Vergaser: Bing 1/12 HD 56/ND 1517, NS 2.

Elektrische Anlage: Bosch-Schwungradlichtmagnet 6 V 17 W, Kerze Bosch W 190 M 11 S, Gewinde M 14.

Getriebe und Antrieb: 2 Gänge, Drehgriffschaltung, Zweischeiben-Korklamellenkupplung, Sekundärkette 1/2 x 3/16, Abstufung 1:26,7:15,4.

Rahmen: Rohrrahmen, Schwinggabel, Schwinge mit Gummielement hinten.

Bereifung: v. 23 x 2,25, h. 23 x 2,25, Reifendruck v. 1,1 — h. 1,2.

Bremsen: Vollnabenbremsen 90 mm ø.

Tankinhalt: 6 Ltr., Reserve 0,5 Ltr., Gemisch 1:25.

Verbrauch: Normverbrauch 1,3 Ltr./100 km.

Abmessungen: Länge 1780 mm, Breite 600 mm, Höhe 980 mm, Radstand 1114 mm, Bodenfreiheit 100 mm, Gewicht 42 kg.

Preis: DM 638,— inkl. Tachometer, für Kindersitz DM 22,—, für Weißwandreifen DM 6,—.

Steuer: frei.

Versicherung: DM 16,— p. J.

Göricke-Transport

Als „praktischer Packesel" wird das Göricke-Transportmoped angeboten. Das Modell „310" ist stabil gebaut. Es verfügt über einen Doppelrohrrahmen mit Tempergußmuffen und verstärkter Gabel. Ein Rohrgepäckträger (55 x 38 cm) mit verstellbarer Galerie kann für kleine Transporte schnell und bequem beladen werden. Eine Federung wird weder vorn noch hinten angeboten, die Bereifung: 20 x 2,25 vorn und 23 x 2,25 hinten. Das Transportmoped ist nur mit Sachs-Motor lieferbar, jedoch kann man zwischen Zwei- und Dreigang wählen. Zulässiges Gesamtgewicht: 145 kg. Farbe: Nur schwarz wird angeboten mit beigem Tankspiegel und oranger Linierung.

Göricke-Transport

Göricke-Diva-Supra

Diva Sport **1957**

Motor: Einzylinder-Zweitakt Sachs, 47 ccm, Bohrung 38, Hub 42, Verdichtung 6,1:1, Dauerleistung 1,25 PS bei 4100 U/min., Höchstdrehzahl 5500 U/min.

Vergaser: Bing 1/12/22 HD 55, ND 2, 10/NS 3.

Elektrische Anlage: Bosch-Schwungradlichtmagnet 6 V 17 W, Kerze Bosch W 190 M 11 S, Gewinde M 14.

Getriebe und Antrieb: 2 Gänge, Drehgriffschaltung, Zweischeiben-Korklamellenkupplung, Sekundärkette ½ x 3/16, Abstufung 1:2,89:1,77.

Rahmen: Offener Doppelrohrrahmen, Preßstahlschwinggabel, hinter Preßstahlschwinge mit 2 ölgedämpften Federbeinen. Satteltank, Sitzbank.

Bereifung: 23 x 2,00 vorne u. hinten. Reifendruck v. 1,1, h. 1,2.

Bremsen: Vollnabenbremsen 90 mm ø.

Tankinhalt: 8,5 Ltr., Reserve ca. 2,5 Ltr., Gemisch 1:25.

Verbrauch: Normverbrauch 1,3 Ltr./100 km.

Abmessungen: Radstand 1180 mm, Sitzhöhe 730 mm, Bodenfreiheit 130 mm, Gewicht 47 kg.

Preis: DM 655,—.

Steuer: frei.

Versicherung: DM 16,— p. J.

Diva Supra **1958**

Motor: Einzylinder-Zweitakt Sachs, Bohrung 38 mm, Hub 42 mm, Verdichtung 1 : 6, Dauerleistung 1,25 PS bei 4100 U/min, Höchstdrehzahl 5500 U/min.

Vergaser: Bing 1/12 HD 56/ND 517, NS 2.

Elektrische Anlage: Bosch-Schwungradlichtmagnet 6 V 17 W, Kerze Bosch W 190 M 11 S, Gewinde M 14.

Getriebe und Antrieb: 2 Gänge, Drehgriffschaltung, Zweischeiben-Korklamellenkupplung, Sekundärkette 1/2x3/16, Abstufung 1:26,7:15,4.

Rahmen: Stahlpreßrahmen, Schwinggabel, Schwinge mit Federbeinen.

Bereifung: v. 23 x 2,25, h. 23 x 2,25. Reifendruck v. 1,1, h. 1,2.

Bremsen: Vollnabenbr. 90 mm ⌀.

Tankinhalt: 7 l, Reserve 0,5 l, Gemisch 1 : 25.

Verbrauch: Normalverbrauch 1,3 l/100 km.

Abmessungen: Länge 1760 mm, Breite 600 mm, Höhe 900 mm, Radstand 1080 mm, Bodenfreiheit 120 mm, Gewicht ca. 45 kg.

Preis: DM 698,— inkl. Tachometer, für Sitzbank und Kofferträger DM 25,—.

Steuer: frei.

Versicherung: DM 16,— p. J.

Diva-Sport

Schon 1956 erscheint die sportliche Schwester der Diva-Luxus-Schwing-Modelle. Die Diva-Sport ist wirklich ein rassiges Modell in klassisch italienischer Form und kommt besonders bei jugendlichen Käufern an. Der offene, verwindungssteife Doppelrohrrahmen ist formschön verkleidet. Die Preßstahl-Vordergabel ist gummigefedert und die breit gelagerte Preßstahl-Hinterradschwinge verfügt über Öl-hydraulisch gedämpfte Federbeine (Federweg vorn ca. 50 mm, hinten ca. 60 mm). Die Diva-Sport ist serienmäßig mit Steckachse ausgerüstet und kann wahlweise mit Zwei- oder Dreigang-Sachs-Motor geliefert werden. Tachometer, Weißwandreifen und Kofferträger sind Extras. Farbe: zweifarbig blau mit rotblauem Tank und rotem Sitzkissen.

Diva-Supra

Nach der 33-kg-Gewichtsbegrenzung entwickeln sich die Mopeds immer mehr in Richtung Motorrad. Bei Göricke wird dieser Trend mit der 1958 auf den Markt gebrachten Diva-Supra deutlich. Die Zeitschrift „Moped" schwärmt: „Man muß sagen, daß es mit diesem Modell in Bielefeld gelungen ist, ein in der Linienführung bestechendes Fahrzeug hinzustellen." Das Fahrgestell stellt einen geschlossenen Kastenträger dar, der aus zwei gleichen Preßstahlhälften zusammengeschweißt ist. Das hintere Schutzblech ist in die Rahmenhälften einbezogen. Eine doppelseitige Hinterradschwinge mit Federbeinen für 280 kg Endlast und progressiver Dämpfung sorgt zusammen mit der Vorderradschwinge und ihrer ebenfalls progressiv wirkenden Stahlfeder für gute Fahreigenschaften. Die weitere Ausstattung: 15-Watt-Scheinwerfer mit Tacho, Steuerkopfschloß als Diebstahlsicherung, in den Schalenrahmen eingebauter Werkzeugbehälter, geschlossener Kettenkasten, Vollbremsnaben, Rohrkippständer, verstellbarer Lenker, Schwingsattel oder Sitzbank. Auf Wunsch lieferbar: Weißwandreifen, Steckachse, Kofferträger (bei Sitzbank), Dreigangmotor. Die Farbe: Silberblau-Metallic.

Ende der fünfziger Jahre wird bei Göricke der Motorradbau eingestellt, nachdem 1956 bereits der Motorroller aus dem Programm genommen worden war. Der Moped- und Fahrradbau aber läuft weiter. Zwar erreicht die Firma mit den Sechziger-Jahre-Mopeds Diva-Rekord und Regina längst nicht mehr solche Erfolge wie in den fünfziger Jahren, aber immerhin kann sich Göricke mit dem Fahrradbau bis Anfang der achtziger Jahre halten. Heute wird die Bezeichnung „Göricke" noch von dem Bad Wildunger Fahrradhersteller Schminke verwendet.

GRITZNER

In Karlsruhe-Durlach gründet Max Gritzner 1872 eine Nähmaschinenfabrik, die ab 1887 Fahrräder und ab 1906 Motorräder baut. Eine Fusion mit der schon 1864 gegründeten Nähmaschinen- und Fahrradfabrik Kaiserslautern führt 1931 zur Gritzner-Kayser AG. Nach dem Zweiten Weltkrieg werden Einzylinder-Zweitakt-Motorräder mit Sachs-Motoren gebaut. Die Mopedherstellung beginnt bei Gritzner 1953 mit eigenen 31-ccm- und 39-ccm-Motoren. Ab 1955 werden Sachs-Motoren eingebaut. 1958 übernimmt Gritzner von Mars die Modelle Monza und Milano, die bis 1963 angeboten werden.

Gritzner-Brummi 30

Brummi 30, 40

Bei der Brummi 30 ist in einen gemufften und hartgelöteten Rohrrahmen mit tief durchgezogenem Oberrohr ein eigener 31-ccm-Flachkolben-Zweitaktmotor mit einem Graugußzylinder und abnehmbarem Leichtmetallzylinderkopf eingebaut. Von der auf Kugeln gelagerten Kurbelwelle wird die Leistung über ein Vorgelege mit Einscheiben-Kork-Lamellen-Kupplung mit einer Kette auf das Hinterrad übertragen. Das 29-kg-Moped mit Fahrradcharakter hat den 2,3-Liter-Tank zwischen Sattelrohr und Hinterrad eingebaut. Für etwas höhere Ansprüche bietet Gritzner die Brummi 40, die bei einer Bohrung von 38 mm und einem Hub von 32 mm einen Zylinderinhalt von 39 ccm hat. Beim Vorderrad ist serienmäßig eine Trommelbremse eingebaut. Die Brummi 40 zeichnet sich durch höhere Geschwindigkeit und bessere Bergsteigefähigkeit aus. Die Brummi 30 wird 1953 für 435 DM angeboten. Beide Brummis sind eingängig.

Gritzner-Brummi 50 auf der IFMA

Brummi 50

Mit dem 47-ccm-Sachs-Motor ausgestattet ist die Brummi 50, die 1955 auf dem Markt ist. Der Einrohrrahmen mit Teleskopgabel verfügt über einen 6-Liter-Tank. Motor und Kette sind durchgehend verkleidet.

Gritzner 50/V — 1955

Motor: Einzylinder-Zweitakt, Bohrung 38, Hub 42, Verdichtung 1:6, Dauerleistung 1 PS bei 4000 U/min., Höchstdrehzahl 4100 U/min.

Vergaser: Bing D 56/ND 2,10/NS 3.

Elektrische Anlage: Bosch-Schwungradlichtmagnet 6 V 3 W, Kerze Bosch W 175 T 11, Gewinde M 14.

Getriebe und Antrieb: 2 Gänge, Drehgriffschaltung, Zweischeiben-Korklamellenkupplung, Sekundärkette 1/2 x 3/16, Abstufung 1:2,89:1,77.

Rahmen: Einrohrrahmen, Teleskopgabel.

Bereifung: v. 23 x 2,00, h. 23 x 2,00, Reifendruck v. 1,1 — h. 1,2.

Bremsen: Trommelbremsen, 90 mm ø.

Tankinhalt: 6 Ltr., Reserve 0,5 Ltr., Gemisch 1:25.

Verbrauch: Normverbrauch 1,5 Ltr./100 km.

Abmessungen: Länge 1750 mm, Breite 600 mm, Höhe 1000 mm, Radstand 1150 mm, Bodenfreiheit 130 mm, Gewicht 38 kg.

Preis: DM 598,—.

Steuer: frei.

Versicherung: DM 6,— p. J.

Gritzner-Brummi 60

Brummi 60

Jetzt ist die Brummi gegen Aufpreis auch mit einer Teleskop-Hinterradfederung zu bekommen. Vorder- und Hinterradschutzbleche sind tief heruntergezogen und verfügen über breite Seitenblenden. Durch eine Luftklappe in der Verkleidung, die durch Lösen einer Rändelschraube abgenommen werden kann, ist der Vergaser leicht zugänglich und herausnehmbar. Die Brummi 60 wird ab 1956 angeboten.

Brummi 60 VS — 1957

Motor: Einzylinder-Zweitakt Sachs, Bohrung 38, Hub 42, Verdichtung 1:6, Dauerleistung 1,25 PS bei 4100 U/min., Höchstdrehzahl 5500 U/min.

Vergaser: Bing 1/12 HD 56/ND 1517, NS 2.

Elektrische Anlage: Bosch-Schwungradlichtmagnet 6 V 17 W, Kerze Bosch W 190 M 11 S, Gewinde M 14.

Getriebe und Antrieb: 2 Gänge, Drehgriffschaltung, Zweischeiben-Korklamellenkupplung, Sekundärkette 1/2 x 3/16, Abstufung 26,7:15,4:1.

Rahmen: Einrohrrahmen, Teleskopgabel, komb. Verkleidung für Motor und Kette. Auf Wunsch Hinterradfederung.

Bereifung: v. 23 x 2,00, h. 23 x 2,00, Reifendruck v. 1,1 — h. 1,2.

Bremsen: Trommelbremsen, 90 mm ø.

Tankinhalt: 6 Ltr., Reserve 0,5 Ltr., Gemisch 1:25.

Verbrauch: Normverbrauch 1,3 Ltr./100 km.

Abmessungen: Länge 1750 mm, Breite 600 mm, Höhe 1000 mm, Radstand 1150 mm, Bodenfreiheit 130 mm, Gewicht 38 kg.

Preis: DM 598,—, mit Hinterradfederung DM 637,—.

Steuer: frei.

Versicherung: DM 16,— p. J.

Gritzner-Brummi 70

Brummi 70

Eine völlig neue Mopedkonstruktion schickt Gritzner 1957 ins Rennen. Der Sachs-Motor wird mit Zwei- und Dreiganggetriebe angeboten. Der Preßstahlrahmen mit tiefem Einstieg verfügt über ein Rahmenschloß. Der Schalenlenker wird mit eingebautem Tacho geliefert. Die Motorverkleidung ist leicht abnehmbar. Der geschlossene Kettenkasten bietet ein Schauloch zwecks Kontrolle der Kettenspannung. Gegen Aufpreis ist eine Hinterradsteckachse lieferbar. Die Brummi 70 ist zweifarbig lakkiert: pastellgrün/resedacreme mit Sitzkissen in den gleichen Farben oder schwarz/perlgrau mit grau-rotem Sitzkissen. Verchromte Stahlfelgen und Weißwandreifen gehören zur Grundausstattung.

Brummi 70 V — 1957

Motor: Einzylinder-Zweitakt Sachs, Bohrung 38, Hub 42, Verdichtung 1:6, Dauerleistung 1,25 PS bei 4100 U/min., Höchstdrehzahl 5500 U/min.

Vergaser: Bing 1/12 HD 56, ND 1517, NS 2.

Elektrische Anlage: Bosch-Schwungradlichtmagnet 6 V 17 W, Kerze Bosch W 190 M 11 S, Gewinde M 14.

Getriebe und Antrieb: 3 Gänge, Drehgriffschaltung, Zweischeiben-Korklamellenkupplung, Sekundärkette 1/2 x 3/16, Abstufung 34,7:21,1:14,1:[illegible].

Rahmen: Preßstahlrahmen, Teleskopgabel, Schwinge mit Federbeinen hinten, komb. Verkleidung für Motor und Kette.

Bereifung: v. 23 x 2,00, h. 23 x 2,00, Reifendruck v. 1,1 — h. 1,2.

Bremsen: Trommelbremsen, 90 mm ø.

Tankinhalt: 5 Ltr., Reserve 0,5 Ltr., Gemisch 1:25.

Verbrauch: Normverbrauch 1,3 Ltr./100 km.

Abmessungen: Länge 1750 mm, Breite 600 mm, Höhe 1000 mm, Radstand 1150 mm, Bodenfreiheit 130 mm, Gewicht 38 kg.

Preis: 719,—, mit 3-Gang-Motor.

Steuer: frei.

Versicherung: DM 16,— p. J.

Monza

Von den Mars-Werken, die 1958 „dichtmachen", übernimmt Gritzner die Modelle Monza und Milano. Das Sportmoped Monza, mit Profilpreßrahmen, Satteltank, Schwinggabel und Hinterradschwinge mit Federbeinen ausgestattet, wird zunächst mit dem 49-ccm-Sachs-Motor mit 1,25 PS angetrieben. 1960 stehen 1,6 PS zur Verfügung, und die Monza-Supersport, die 1961 angeboten wird, verfügt über 4,3 PS, bringt es auf 70 km/h, wiegt 65 kg und ist für 998 DM zu haben.

Gritzner-Monza de Luxe von 1962

Gritzner Monza — 1961

Motor: Einzylinder-Zweitakt Sachs, Bohrung 38 mm, Hub 42, Verdichtung 1:6, Dauerleistung 1,6 PS bei 4100 U/min, Höchstdrehzahl 5500 U/min.
Vergaser: Bing 1/12.
Elektrische Anlage: Bosch-Schwungradlichtmaschine 6 V 17 W, Zündkerze Bosch W 190 M 11 S, Gewinde M 14, Champion L 86, Beru 190/14 S.
Getriebe und Antrieb: 2 Gänge, Drehgriffschaltung, Zweischeiben-Korklamellenkupplung, Sekundärkette 1/2 x 3/16, Abstufung 1:26,7: 15,4.
Fahrwerk: Profil-Preßrahmen mit Satteltank, Schwinggabel, Hinterradschwinge mit Federbeinen, zweifarbig lackiert.
Bereifung: v. 23-2,50, h. 23-2,50.
Bremsen: F & S-Vollnaben, 90 mm ⌀.
Tankinhalt: 7 l, Reserve 2 l, Gemisch 1:25.
Verbrauch: Normverbrauch 1,3 l/ 100 km.
Abmessungen: Länge 1670 mm, Breite 560 mm, Höhe 1000 mm, Radstand 1110 mm, Bodenfreiheit 250 mm, Gewicht 44 kg.
Steuer: frei.
Versicherung: DM 20,—.

Milano

Die Milano wird 1958 ebenfalls mit 1,25 PS und ab 1959 mit 1,6 PS geliefert. Im Gegensatz zur Monza bietet „das Tourenmoped mit der eleganten Note" (Werbung) einen freien Durchstieg. Der Profilpreßrahmen aus Stahlblech ist aus einem Stück. Die Schwinggabel ist ebenfalls gepreßt. Die beiden Schwinghebel der Gabel werden durch Schwingmetall-Federpuffer (Conti) abgefedert. Der Scheinwerfer mit eingebautem Tacho ist in das obere Gabelende integriert. Auch die Milano ist auf Wunsch mit Dreiganggetriebe lieferbar. Der Kettenkasten ist vollkommen geschlossen, wobei der hintere Teil für Wartungsarbeiten abnehmbar ist. Zur Grundausstattung gehören Weißwandreifen, Vorder- und Hinterrad-Vollnabenbremsen, verchromte Felgen, zweifarbige Lackierung aeroblau/beige oder rot/beige, Soziusfußrasten, verchromter Kofferträger und ein stabiler Mittelständer.

Gritzner-Milano von 1959

Gritzner Milano — 1961

Motor: Einzylinder-Zweitakt Sachs, Verdichtung 1:6, Dauerleistung 1,6 PS bei 4100 U/min, Höchstdrehzahl 5500 U/min.
Vergaser: Bing 1/12.
Elektrische Anlage: Bosch-Schwungradlichtmagnet, 6 V 17 W, Zündkerze Bosch W 190 M 11 S, Gewinde M 14, Champion L 86, Beru 190/14 S.
Getriebe und Antrieb: 3 Gänge, Drehgriffschaltung, Zweischeibenkupplung, Sekundärkette 1/2 x 3/16, Abstufung 1:34, 8:21, 1:41,1.
Fahrwerk: Blech-Preßrahmen, Schwinggabel mit Federbeinen, Schwinge mit Federbeinen hinten.
Bereifung: v. 23-2,50, h. 23--2,50.
Bremsen: F & S-Vollnabenbremsen, Trommel 115 mm ⌀.
Tankinhalt: 7 l, Gemisch 1:25.
Verbrauch: 1,3 l/100 km.
Abmessungen: Länge 1880 mm, Breite 600 mm, Radstand 1200 mm, Gewicht ca. 50 kg.
Steuer: frei.
Versicherung: DM 20,—.

HECKER

Die kleine Nürnberger Motorradfabrik, die 1922 von Hans Hecker gegründet wird, ist nur zwei Jahre mit Mopeds auf dem Markt. Es beginnt Anfang 1955 mit dem Zweigang-Ilo-Moped, das als erstes deutsches Moped auch vorn mit Langschwinge und Federbeinen ausgestattet wird. Bei dieser schiebenden Langschwinge mit Federbeinen (70 mm Radhub) schwingt das Schutzblech mit. Bei der hinteren Schwinge mit Federbeinen (50 mm Radhub) schwingen die Schutzbleche für Rad und Kette nicht mit. An der gedrungenen, niedrigen Form des Hecker-Mopeds mit den kleinen Rädern ist gleich zu erkennen, daß es nicht aus einer Fahrradfabrik stammt.

Drei weitere Hecker-Mopeds mit Ilo-Motoren kommen 1956 auf den Markt. Die Hecker Blitz ist ein sportliches Moped mit kombiniertem Einrohr-Preßrahmen und Satteltank mit Knieschluß. Die Hecker K 50 Sport ist wahlweise mit Zwei- oder Dreiganggetriebe lieferbar, der Rahmen ist ohne Preßteile gestaltet, also ein Rohrrahmen. Das Hecker-Transportmoped ist mit verstärktem Rohrrahmen, geräumiger vorderer Ladefläche und Pendelachse ausgerüstet.

Die allgemeine Absatzkrise ab Mitte der fünfziger Jahre macht Hecker besonders zu schaffen, weil die kleine Nürnberger Fabrik überwiegend vom Motorradbau getragen wird. Ende 1956 stellt Hecker die Zweiradproduktion ein und versucht mit Reparaturen und Handel über die Runden zu kommen. Mitte 1957 ist jedoch auch damit Schluß.

Hecker-Transport

Hecker-Blitz

Hecker-Moped

Hecker Ilo — 1955

Motor: Einzylinder-Zweitakt Ilo, Bohrung 38, Hub 43, Verdichtung 1:6,5, Dauerleistung 1,25 PS bei 5250 U/min., Höchstdrehzahl 5400 U/min.

Vergaser: Bing 1/12/41.

Elektrische Anlage: Noris-Schwungradlichtmagnet 6 V 17 W, Kerze 240, Gewinde M 14.

Getriebe und Antrieb: 2 Gänge, Drehgriffschaltung, Mehrscheibenkupplung im Ölbad, Primärkette 1/2x3/16, Sekundärkette 1/2x3/16, Abstufung 1:13,8:7,0.

Rahmen: Präzisionsstahlrohrrahmen, Schwinge mit Federbeinen vorne und hinten.

Bereifung: v. 23 x 2,00, h. 23 x 2,00, Reifendruck v. 1,1 — h. 1,2.

Bremsen: Vollnabenbremsen.

Tankinhalt: 5 Ltr., Gemisch 1:25.

Verbrauch: Normverbrauch 1,5 Ltr./100 km.

Gewicht: ca. 38 kg.

Preis: DM 575,—.
Aufpreis für Tachometer DM 20,—.

Steuer: frei.

Versicherung: DM 16,— p. J.

Hecker Blitz — 1956

Motor: Einzylinder-Zweitakt Ilopiano, Bohrung 38, Hub 43, Verdichtung 1:6,5, Dauerleistung 1,25 PS bei 5250 U/min., Höchstdrehzahl 5400 U/min.

Vergaser: Bing 1/10/43 bzw. Pallas P 10/1 mit Ansauggeräuschdämpfer.

Elektrische Anlage: Schwungradlichtmagnetzünder 6 V 17 W, Kerze 225, Gewinde M 14.

Getriebe und Antrieb: 2 Gänge, Drehgriffschaltung, Mehrscheibenkupplung im Ölbad, Primärantrieb durch Synchroflex-Präzisionszahnriemen, Sekundärkette 1/2 x 3/16, Abstufung 1:11,3:6,8.

Rahmen: Einrohrpreßrahmen kombiniert, langarmige Vorderradschwinge mit Federbeinen, Hinterradschwinge mit Federbeinen, Satteltank mit Knieschluß, Doppelsitzbank.

Bereifung: v. 23 x 2,00, h. 23 x 2,00.

Bremsen: Vollnabenbr., 90 mm ø.

Tankinhalt: ca. 6,5 Ltr., Reserve ca. 1 Ltr., Gemisch 1:25.

Verbrauch: Normverbrauch 1,5 Ltr./100 km.

Gewicht: ca. 45 kg.

Preis: DM 655,—.

Steuer: frei.

Versicherung: DM 16,— p. J.

Heidemann HWE/S

Ein richtiges Moped mit eleganter Motorverkleidung, verkleideten Schutzblechen und verchromten Überlaufstreben präsentiert sich 1955 auf dem deutschen Markt. Eine moderne Schwinggabel, Hinterradfederung, Bremsvollnaben, ein Schwingsattel, eine Werkzeugbüchse mit Inhalt und ein Gepäckträger gehören zur Standardausführung. Einen Tachometer gibt es gegen Mehrpreis. Die HWE/S wird in schwarz oder lindgrün angeboten und ist mit einem Zweigang-Sachs-Motor ausgestattet.

HEIDEMANN

Die alteingesessene, renommierte Fahrradfabrik Heidemann in Einbeck beginnt nach dem Zweiten Weltkrieg mit der Produktion eines 123-ccm-Motorrades, das mit einem Sachs-Motor angetrieben wird. 1951 kommen Mofas mit 98-ccm-Motor dazu. Wegen zu geringen Absatzes stellt Heidemann die Motorrad- und Mofa-Produktion 1952 schon wieder ein, um ein Jahr später mit der Entwicklung eines Mopeds zu beginnen, das 1954 erstmals vorgestellt wird. Ein kräftiger Zentralrohrrahmen mit integriertem Tank bietet großzügige Durchstiegsmöglichkeit. Die Verkleidungen fehlen noch, werden aber bei dem ersten Heidemann-Serienmoped angeboten.

HWE Corso de Luxe

Heidemann HWE/S — 1956

Motor: Einzylinder-Zweitakt Sachs, Bohrung 38, Hub 42, Verdichtung 1:6, Dauerleistung 1 PS bei 4000 U/min., Höchstdrehzahl 4100 U/min.
Vergaser: Bing 1/12/22 D 54/ND 2,10/NS 3.
Elektrische Anlage: Bosch-Schwungradlichtmagnet 6 V 17 W, Kerze Bosch W 175 T 11, Gewinde M 14.
Getriebe und Antrieb: 2 Gänge, Drehgriffschaltung, Zweischeiben-Korklamellenkupplung, Sekundärkette 1/2 x 3/16, Abstufung 1:2,89:1,77.
Rahmen: Tankrahmen, Schwinggabel, Teleskop-Hinterradfederung, Chromfelgen.
Bereifung: v. 23 x 2,25, h. 23 x 2,25, Reifendruck v. 1,1 — h. 1,2.
Bremsen: Vollbremsnaben, 100 mm ø.
Tankinhalt: 5,5 Ltr., Reserve 0,5 Ltr., Gemisch 1:25.
Verbrauch: Normverbrauch 1,5 Ltr./100 km.
Abmessungen: Länge 1800 mm, Breite 600 mm, Höhe 930 mm, Radstand 1120 mm, Bodenfreiheit 150 mm, Gewicht 37 kg.
Preis: DM 598,—.
Steuer: frei.
Versicherung: DM 16,— p. J.

Heidemann Touring de Luxe — 1957

Motor: Einzylinder-Zweitakt Sachs, Bohrung 38, Hub 42, Verdichtung 1:6, Dauerleistung 1,25 PS bei 4100 U/min., Höchstdrehzahl 5500 U/min.
Vergaser: Bing 1/12 HD 56, ND 1517, NS 3.
Elektrische Anlage: Bosch-Schwungradlichtmagnet 6 V 17 W, Kerze Bosch W 190 M 11 S, Gewinde M 14.
Getriebe und Antrieb: 2 Gänge, Drehgriffschaltung, Zweischeiben-Korklamellenkupplung, Sekundärkette 1/2 x 3/16, Abstufung 1:26,7:15,4.
Rahmen: Rohrrahmen, Schwinggabel, Teleskop-Hinterradfederung, Chromfelgen.
Bereifung: v. 23 x 2,25, h. 23 x 2,25, Reifendruck v. 1,1 — h. 1,2.
Bremsen: Vollbremsnaben, 100 mm ø.
Tankinhalt: 5,5 Ltr., Reserve 0,5 Ltr., Gemisch 1:25.
Verbrauch: Normverbrauch 1,3 Ltr./100 km.
Abmessungen: Länge 1800 mm, Breite 600 mm, Höhe 930 mm, Radstand 1120 mm, Bodenfreiheit 150 mm, Gewicht 37 kg.
Preis: DM 620,—.
Steuer: frei.
Versicherung: DM 16,— p. J.

Heidemann HWE Touring de Luxe

Ebenfalls 1955 erscheint bei Heidemann eine Luxusausführung, die sich nur in Äußerlichkeiten von der Standardausführung unterscheidet. Allerdings verfügt die Luxusversion über eine Teleskop-Hinterradfederung, Chromfelgen sind hinzugekommen und ein stabiler Zweibein-Kippständer. Gleichzeitig mit der Touring de Luxe, die von einem Sachs-Motor angetrieben wird, bietet Heidemann noch eine Variante mit Ilo-Motor an: Corso de Luxe.

1957 wird auch die Mopedproduktion bei den traditionsreichen Heidemann-Werken eingestellt. Die allgemeine Absatzflaute und die starke Konkurrenz lassen keine gewinnbringenden Umsätze zu. Heute werden immer noch Fahrräder in Einbeck hergestellt, die sich mit hoher Qualität von den marktbeherrschenden Billigrädern absetzen. Aber das Fahrradgeschäft gehört bei Heidemann längst zu den Nebensächlichkeiten. Der 1.000-Mitarbeiter-Betrieb befaßt sich vorwiegend mit der Herstellung von Kfz-Zubehör.

HWE Touring de Luxe

Heinkel-Perle, der Motor ist nur für die „Perle" gebaut

HEINKEL

Als der deutsche Motorflug in seinen Anfängen steckt, ist Ernst Heinkel dabei. Bereits 1911 verfügt er über ein eigenes Flugzeug, mit dem er aus 40 Meter Höhe über Untertürkheim abstürzt. Schwer verletzt wird Heinkel in ein Krankenhaus eingeliefert. 1922 gründet er die Heinkel-Werke, die in den folgenden Jahren Weltgeltung erringen. Im Zweiten Weltkrieg produziert Heinkel für die deutsche Wehrmacht Kriegsflugzeuge aller Art. 1945 liegen die Heinkelwerke in Rostock und Oranienburg, sein Besitz im Osten Deutschlands und in Österreich in Schutt und Asche oder werden enteignet und demontiert. Nur in Stuttgart-Zuffenhausen steht das einzig erhalten gebliebene Werk, das Heinkel zunächst nicht betreten darf. Von den über 50.000 Menschen, die in den Heinkel-Werken gearbeitet hatten, sind keine hundert mehr da. Erst 1950 kann Ernst Heinkel sein Werk in Stuttgart wieder übernehmen und mit wenigen Mitarbeitern beginnt er mit der Konstruktion eines Motorrollers. Aber auch Getriebe und Zahnräder, Zwei- und Viertaktmotoren werden entwickelt und gebaut. Nacheinander betreten Anfang der fünfziger Jahre der Roller „Tourist", das Moped „Perle" und der Kabinenroller die bundesdeutsche Straßenszene. Der Roller wird ein großer Verkaufserfolg der Tourist ist der meistgekaufte Viertaktroller überhaupt. Aber auch der Flugzeugbau beginnt wieder. Bereits 1953 erhält Heinkel Aufträge für Neuentwicklungen von Triebwerken und Flugzeugen. Der Mopedbau wird 1958 mit dem Tod Ernst Heinkels eingestellt, der Roller wird noch bis Mitte der sechziger Jahre produziert.

Heinkel-Perle

Heinkel Perle 50	1955
Motor: 477 A-2 Einzylinder-Zweitakt, Bohrung 39, Hub 41,8, Verdichtung 1:6,3, Dauerleistung 1,5 PS bei 4800 U/min., Höchstdrehzahl 5000 U/min.	**Bereifung:** v. 23x2,00, h. 23x2,00, Reifendruck v. 2,0 — h. 2,25, Räder auswechselbar, Steckachsen.
Vergaser: Fischer-Amal-Startvergaser 10 DA 23/HD 34/SD 1324.	**Bremsen:** Innenbacken, Stahltrommeln, 82 mm ø.
Elektrische Anlage: Bosch 6 V 3 W, Kerze 240, Gewinde M 14x1,25.	**Tankinhalt:** 3,9 Ltr., Reserve 0,3 Ltr., Gemisch 1:25.
Getriebe und Antrieb: 2 Gänge, Drehgriffschaltung, Mehrscheibenkupplung im Ölbad, schrägverzahntes Primärzahnrad, Sekundärkette, Einfach-Rollenkette 1/2x3/16, Abstufung 1:15,25:8,5, Übersetzung großer Gang 1:14,75.	**Verbrauch:** Normverbrauch 1,3 Ltr./100 km.
Rahmen: Gegossener Leichtmetallrahmen, Teleskopgabel mit Öldämpfung, hint. Schwinge mit Federbeinen.	**Abmessungen:** Länge 1780 mm, Breite 700 mm, Höhe 930 mm, Radstand 1145 mm, Bodenfreiheit 150 mm, Gewicht 32,8 kg.
	Preis: DM 620,—.
	Steuer: frei.
	Versicherung: DM 6,— p. J.

Heinkel-Perle

Mit der „Perle", die auf der IFMA 1953 präsentiert wird, beschreitet Heinkel neue Wege in der Mopedkonstruktion. Das ganze Fahrwerk, bis auf Vordergabel und Hinterradschwinge, besteht aus einem einzigen dünnwandigen Silumin-Gußstück, das nicht nur das eigentliche Rahmenrückgrat, sondern auch den 3,5-Liter-Tank bildet und in einer breiten Gepäckbrücke endet. Das Vorderrad ist mit einer Teleskopgabel, das Hinterrad mit einer Leichtmetallschwinge abgefedert, bei der der rechte Schwingenarm als Ölbadgehäuse für die Kette ausgebildet ist. Die Federbeine haben wie die Teleskopgabel einen Hub von 70 mm. Die Bremsnaben sind mit Steckachsen versehen und auswechselbar. Der Zylinder des Heinkel-Motors ist mit hartverchromter Lauffläche ausgebildet. Zylinderkopf und Motorblock sind ebenfalls aus Leichtmetall gefertigt. Die Tretkurbeln sind im Motorblock untergebracht und wirken über ein Zahnräderpaar auf die Getriebewelle, auf der mittels einer einfachen Lamellenkupplung die beiden Zahnräderpaare des 1. und 2. Ganges gekuppelt werden. Bei diesem Getriebe ist Mittreten in beiden Gängen möglich und Anwerfen des Motors im Stand mit der Tretkurbel. 1954 ist die Perle baureif und kommt auf den Markt. Die eigenwillige Form, die sich von allen Mitbewerbern deutlich abhebt, kommt bei den Mopedkäufern gut an. Außerdem wird dem bekannten Flugzeugkonstrukteur ein großer Kompetenzbonus entgegengebracht und so steht dem Verkaufserfolg der Perle nichts im Wege. Änderungen gibt es in den vier Jahren Bauzeit kaum. Der Preis steigt von 590 DM (1954) auf 660 DM (1958). Der zunächst freistehende Scheinwerfer erhält eine Verschalung. Der rote Polstersitz wird hinten durch eine leicht erhöhte Wulstkante verbessert. Heinkel Perle, „die Perle für Jeden", wie es in der Werbung heißt, gilt heute bei Sammlerfreunden als begehrtes Objekt.

Heinkel-Perle von 1955 aus dem Roller- und Kleinwagenmuseum Bad Iburg

HERCULES

Carl Marschütz, der als Lehrling ein altes Fahrrad (System Drais) geschenkt bekommt, will dieses durch ein größeres Vorderrad schneller machen. So kommt er mit Mechanikern in Kontakt, die damals als einzige in Deutschland aus englischen Teilen Fahrräder in Handarbeit herstellen. Weil die handgearbeiteten Räder sehr teuer sind, kommt Marschütz auf die Idee, mit einer Fahrradfabrikation größere Stückzahlen schnell und dadurch billiger herstellen zu können. Er schafft es, den Mechaniker Josef Pirzner und seinen Chef, den Ofenfabrikanten Goldstücker, in Verbindung zu bringen. Bereits 1882 entsteht durch seine Initiative in Neumarkt die erste Zweiradfabrik des Kontinents: Express. Marschütz selbst wird bei Express Einkäufer und übernimmt die Werksvertretung in Nürnberg. Das reicht ihm aber nicht: Vier Jahre später gründet er kurzerhand seine eigene „Velociped-Fabrik Carl Marschütz & Co." in Nürnberg Seine Fahrräder nennt Marschütz Hercules, und das erste Motorrad mit Namen Hercules entsteht 1905. Ein Jahr später wird das Werk umbenannt in „Nürnberger Hercules-Werke GmbH".

Bis zum Zweiten Weltkrieg werden nicht nur Fahrräder und Motorräder bei Hercules gebaut. Auch Lastwagen, Geräte zum Gliederstrecken, Rohrmöbel, Krankenhaustische, Dreiradautos und verschiedene kleinere Dinge kommen zur Produktion. Zu allen Zeiten aber werden bei Hercules Fahrräder gebaut, sogar noch heute. Carl Marschütz, der wegen der Naziherrschaft in Californien seßhaft wird, verfolgt von dort aus die Vernichtung seines Lebenswerkes durch Bomben und Demontage. Marschütz stirbt 1957, die Urne wird auf seinen Wunsch in Nürnberg beigesetzt. 1949 geht die Produktion unter neuer Geschäftsführung nach mühsamen Aufbaujahren weiter. 1956 liegt Hercules unter 37 Motorradfabriken auf Platz 3 der Zustellungsstatistik und 1962 sogar auf Platz 1. Weil das alte Werk zu klein wird, erwerben die neuen Besitzer Fichtel & Sachs die Zweirad-Union. 1966 übersiedelt Hercules mit allen Beschäftigten und dem gesamten Maschinenpark in die Nopitschstraße 70. Dort sind die Konkurrenten vieler Jahrzehnte vereint: Hercules, Victoria, Express und DKW, wobei Hercules die Gesamtproduktion dieser Marken übernimmt. Trotz der verschiedenen Absatzkrisen in allen Bereichen der Zweiradindustrie gelingt es Hercules, durch Qualität und Innovation seine Marktstellung zu halten und in Teilbereichen auszubauen.

Hercules-Moped 213

Das erste Hercules-Moped von 1953 hat noch keine Bezeichnung, später läuft es unter der Bezeichnung 213. Es ist bis auf unwesentliche Details identisch mit dem ersten Moped von Triumph und Zündapp und wird mit dem Zündapp-Combimot angetrieben, obwohl in der zeitgenössischen Literatur dem Hercules-Moped vielfach ein eigener oder ein Triumph-Motor zugeschrieben wird. Auch beim Preis ist sich das Trio einig: Der Grundpreis bei Erscheinen beträgt 548 DM. Insgesamt 12.336 Stück des Typs 213 produziert Hercules von 1953 bis 1955 (siehe auch unter „Triumph-Knirps").

Hercules-Moped (213)

Hercules Moped 213 — 1953

Motor:
Luftgekühlter Einzylinder-Zweitakt-Motor, Bohrung 38 mm, Hub 42 mm, Hubraum 48 ccm, Verdichtung 1:5,5, Leistung 1,2 PS bei 3800 U/min., Bing-Vergaser 1/9,5/42.

Elektrische Anlage:
Schwungrad-Lichtmagnetzünder 6 V. Scheinwerfer, Rücklicht.

Kraftübertragung:
Dreischeibenkupplung. Riemenantrieb auf Hinterrad.

Fahrgestell:
Offener Rohrrahmen ohne Federung.

Bremsen:
Nabenbremsen.

Bereifung: 26×2,00.

Kraftstoffbehälter:
Inhalt 2,5 Ltr.

Kraftstoffnormverbrauch:
ca. 1,3 Ltr./100 km.

Steigfähigkeit (ohne Mittreten):
10%.

Gewicht:
ca. 30 kg.

Preis:
DM 548.—.

Anmerkung:
Auf Wunsch Federgabel gegen Aufpreis DM 14.—.

Hercules-Sachs 214

Mit Sachs-Motor und zwei Gängen wird das Hercules-Modell 214 angetrieben, das ebenfalls noch 1953 erscheint. Außer dem Motor, der fast völlig verkleidet ist, hat sich gegenüber der 213 kaum etwas verändert. Die Einrohrkonstruktion wird jetzt durch eine Pendelgabel ergänzt, und zusätzliche Federung erzeugt ein Schwingsattel. Die Diebstahlsicherung besorgt ein raffiniert angelegter Lenkstangenverschluß mit Steckschloß. In der Bauzeit von 1953 bis 1955 werden 11.944 Mopeds des Typs 214 abgesetzt.

Hercules-Moped (213)

Hercules-Sachs 215/216

Diese schicken Zweifarbenmopeds sind identisch mit Triumph-Fips (215) und Triumph-Fips Standard (216). Von den bisherigen Hercules-Mopeds unterscheiden sich die neuen Modelle hauptsächlich durch den schwungvoll geformten Tankrahmen und die breiten, motorradmäßigen Schutzbleche. Bei der 216 ist die Vordergabel gepreßt. Zum leichten Ein- und Ausbau der Räder sind beide Naben mit Steckhebel ausgestattet. Die 215 wird in einer Stückzahl von 15.966 von 1954 bis 1956 gebaut, die 216 von 1955 bis 1959 mit 10.660 Stück.

Hercules-Sachs 214

Hercules 215 — **1955**

Motor: Einzylinder-Zweitakt Sachs, Bohrung 38, Hub 42, Verdichtung 1:6, Dauerleistung 1 PS bei 4000 U/min., Höchstdrehzahl 4100 U/min.

Vergaser: Bing 1/12/35 D 54/ND 2,10/ NS 3.

Elektrische Anlage: Bosch-Schwunglichtmagnet 6 V 3 W, Kerze Bosch W 175 T 11, Gewinde M 14.

Getriebe und Antrieb: 2 Gänge, Drehgriffschaltung, Zweischeiben-Korklamellenkupplung, Sekundärkette 1/2 x 3/16, Abstufung 1:2,89:1,77.

Rahmen: Tankrahmen, Federgabel.

Bereifung: v. 23 x 2,00, h. 23 x 2,00, Reifendruck v. 1,1 — h. 1,2.

Bremsen: Innenbackenbr., 90 mm ø.

Tankinhalt: 5 Ltr., Reserve 0,5 Ltr., Gemisch 1:25.

Verbrauch: Normverbrauch 1,5 Ltr./ 100 km.

Abmessungen: Länge 1770 mm, Breite 600 mm, Höhe 960 mm, Radstand 1145 mm, Bodenfreiheit 140 mm, Gewicht 34 kg.

Preis: DM 590,—.

Steuer: frei.

Versicherung: DM 6,— p. J.

Hercules-Sachs 214

Hercules-Sachs 217

Dieser Typ ist baugleich mit Triumph-Fips Export, und auch von Adler wird das gleiche Moped angeboten. Hercules, Triumph und Adler haben eine Interessengemeinschaft gebildet, die sich aber dann erübrigt, als Triumph und Adler zum Grundig-Konzern stoßen und den Bau von Zweirädern aufgeben. Gebaut werden diese Gemeinschaftsmopeds bei Hercules. Die wichtigste Neuerung ist die hintere Triebsatzschwinge von Präfana bzw. von Fichtel & Sachs. Der jetzt völlig verkleidete Preßblechtankrahmen verfügt über eine Preßblechvordergabel mit harmonisch eingebautem Scheinwerfer. Der Werkzeugkasten ist unter dem Gepäckträger angebracht, der Auspufftopf vergrößert. Die 217 ist in Monacoblau-Firngrau oder Schwarz-Elfenbein lackiert, und gegen Mehrpreis sind folgende Sonderausstattungen möglich: Weißwandreifen, Reifen in 23 x 2,25, Spritzschutz und Kindersitz. Eine Dreigangausführung wird 1957 herausgegeben, von der ein Tester in der Zeitschrift „Das Moped" schwärmt: „Man muß schon sagen, das Hercules-Moped ist ein schmuckes Ding, wenn es so in seinem jungfräulichen Glanz vor einem steht." Insgesamt werden von der 217, die von 1956 bis 1959 produziert wird, 19.748 Exemplare unter die Leute gebracht.

Hercules 217 — 1957

Motor: Einzylinder-Zweitakt Sachs, Bohrung 38, Hub 42, Verdichtung 1:6, Dauerleistung 1,25 PS bei 4100 U/min., Höchstdrehzahl 5500 U/min.

Vergaser: Bing 1/12 HD 56, ND 1517, NS 2.

Elektrische Anlage: Bosch-Schwungradlichtmagnet 6 V 7 W, Kerze Bosch W 190 M 11 S, Gewinde M 14.

Getriebe und Antrieb: 2 Gänge, Drehgriffschaltung, Zweischeiben-Korklamellenkupplung, Sekundärkette 1/2 x 3/16, Abstufung 1.

Rahmen: Tankrahmen, vorne gezogene Schwinggabel, hinten Schwinge mit Federbeinen. Geschlossener Kettenkasten, hinten Steckachsnabe.

Bereifung: v. 23 x 2,00, h. 23 x 2,00, auf Wunsch 23 x 2,25 h. u. v., Reifendruck v. 1,8 — h. 2,2.

Bremsen: Innenbackenbr., 90 mm ∅.

Tankinhalt: 5 Ltr., Reserve 1 Ltr., Gemisch 1:25.

Verbrauch: Normverbrauch 1,3 Ltr./100 km.

Abmessungen: Länge 1770 mm, Breite 600 mm, Höhe 960 mm, Radstand 1145 mm, Bodenfreiheit 140 mm, Gewicht 46 kg.

Preis: DM 644.—.

Steuer: frei.

Versicherung: DM 16,— p. J.

Hercules 218 Sport

Die 218 Sport ist das sportliche Gegenstück der 217. Sie wird zwischen 1956 und 1959 in einer Stückzahl von 3.646 Exemplaren gebaut und ist wiederum baugleich mit der Sport-Fips von Triumph. Während die 217 einen schwungvollen Preßstahltankrahmen zeigt, betont die Sportausführung mit ihrem verkleideten Doppelrohrrahmen die strenge Waagerechte. Großer Tank, lange Sitzbank und der bekannte, langovale Werkzeugkasten unterstreichen diese Linie. Neben dem Sportmoped, das alle Vorzüge genießt, die der Gesetzgeber hinsichtlich Steuer-, Zulassungs- und Führerscheinfreiheit dem Moped einräumt, stellt Hercules auch ein dem Sportmoped entsprechendes Kleinkraftrad mit Dreiganggetriebe her, die 218 K.

Hercules 218 Sport — 1957

Motor: Einzylinder-Zweitakt Sachs, Bohrung 38, Hub 42, Verdichtung 1:6, Dauerleistung 1,25 PS bei 4100 U/min., Höchstdrehzahl 5500 U/min.

Vergaser: Bing 1/12 HD 56, ND 1517, NS 2.

Elektrische Anlage: Bosch-Schwungradlichtmagnet 6 V 3 W, Kerze Bosch W 175 T 11, Gewinde M 14.

Getriebe und Antrieb: 2 Gänge, Drehgriffschaltung, Zweischeiben-Korklamellenkupplung, Sekundärkette 1/2 x 3/16, Abstufung 1:26,7:15,4.

Rahmen: Blechpreßrahmen, vorne kurze Schwinge, hinten Schwinge mit Federbeinen.

Bereifung: v. 23 x 2,00, h. 23 x 2,00, Reifendruck v. 1,1 — h. 1,2.

Bremsen: Innenbackenbr., 90 mm ∅.

Tankinhalt: 5,2 Ltr., Reserve 0,5 Ltr., Gemisch 1:25.

Verbrauch: Normverbrauch 1,3 Ltr./100 km.

Abmessungen: Länge 1770 mm, Breite 600 mm, Höhe 960 mm, Radstand 1145 mm, Bodenfreiheit 140 mm, Gewicht 34 kg.

Preis: DM 698,—.

Steuer: frei.

Versicherung: DM 16,— p. J.

Hercules 219 — 1958

Motor: Einzylinder-Zweitakt Sachs, Bohrung 38 mm, Hub 42 mm, Verdichtung 1 : 6, Dauerleistung 1,25 PS bei 4100 U/min, Höchstdrehzahl 5500 U/min.

Vergaser: Bing 1/12 HD 56, ND 1517, NS 2.

Elektr. Anlage: Bosch-Schwungradlichtmagnet 6 V 17 W, Kerze Bosch W 190 M 11 S, Gewinde M 14.

Getriebe und Antrieb: 2 bzw. 3 Gänge, Drehgriffschaltung, Mehrscheibenkupplung im Ölbad, Sekundärkette 1/2 x 3/16", Abstufung: 2-Gang 1:26,97:15,71, 3-Gang 1:36,44:22,14:14,83.

Rahmen: Preßrahmen durchstiegfrei, vorne gezogene Schwinggabel, hinten Schwinge mit Federbeinen, geschlossener Kettenkasten, hinten Steckachsnabe.

Bereifung: vorne und hinten 23x2,25.

Bremsen: Innenbackenbr. 90 mm ∅.

Tankinhalt: 7 l, Reserve 0,5 l, Gemisch 1 : 25.

Verbrauch: Normverbrauch 1,3 l/100 km.

Abmessungen: Länge 1780 mm, Breite 600 mm, Höhe 960 mm, Radstand 1115 mm, Bodenfreiheit 100 mm, Gewicht 53 kg.

Preis: DM 698,—.

Steuer: frei.

Versicherung: 16,— DM p. J.

Hercules-Sachs 215

Hercules-Sachs 216

Hercules-Sachs 217

Hercules 217 und das sportliche Gegenstück 218

Hercules 219/220

Bei achttägiger Nonstopfahrt über 6.580 km wird das neue Hercules-Moped 219 mit dem Sachs-Motor auf der Strecke Schweinfurt-Nürnberg bei zum Teil schlechtem Wetter erprobt. Die Techniker sind zufrieden: Es gibt keine Beanstandungen an Fahrzeug und Motor. Lediglich mußten einmal der Auspuff gereinigt und die Kette nachgespannt werden. Der Durchschnittsverbrauch liegt bei 1,72 Liter/100 km. 1958 kommt die 219 auf den Markt und ist in Helltürkis-Grau oder Kardinalrot-Grau zu haben. Auf Wunsch ist ein Dreigangmotor lieferbar. Das Sitzkissen wird in passender Farbe gearbeitet, Weißwandreifen sind serienmäßig. Der Tank ist verchromt, der Kettenkasten geschlossen. Die 220 ist für den Zwei-Personen-Verkehr konstruiert. Rahmen, Bremsen und Federelemente sind der erhöhten Belastung angepaßt. Unter der Bezeichnung 220 L ist das Moped auch mit Sachs-Lüftermotor mit Dreiganggetriebe lieferbar. Die Farbkombination ist hierbei Monacoblau-Grau. Diese Typenreihe wird bis in die sechziger Jahre gebaut.

Hercules 219

Im Vordergrund Hercules 219, hinten 220 von 1963

ILO

Werkzeuge für den Gleisbau stellen die Ilo-Werke her, als sie 1911 gegründet werden. Daher rührt auch das Firmenzeichen „Ilo", welches in der Kunstsprache Esperanto für „gutes Werkzeug" steht. Anfang der zwanziger Jahre bis etwa 1925 baut Ilo komplette Motorräder, danach nur noch Motoren als Antrieb für Pumpen, Elektroaggregate usw. Aber auch ein Fahrrad-Hilfsmotor wird bei Ilo entwickelt, der über dem Hinterrad (siehe Abbildung) oder im Rahmendreieck eingebaut werden kann. Diese Motoren, für jedes Fahrrad verwendbar, vertreibt Ilo in aller Welt. Später entwickelt sich der Fahrradmotor zum Antriebsmotor für Motorfahrräder, aus denen in den dreißiger Jahren die Kleinkrafträder entstehen. Darüber hinaus werden auch ausgewachsene Motorradmotoren, z. B. für Victoria und Tornax, produziert. In den dreißiger Jahren läuft das Hauptgeschäft bei Ilo auf dem Dreiradsektor. Antriebsmotoren für Rollfix, Goliath und Tempo sind im Programm, und ein 125-ccm-Motorradmotor entsteht, der u. a. an Tornax, Favorit, Geier, Bücker, UT und Hecker geliefert wird. Während des Krieges baut Ilo für diese Firmen weiter, und an das Tempo-Werk wird ein 600-ccm-Motor geliefert, der dort in einen Geländewagen eingebaut wird.

Nach dem Krieg repariert Ilo zunächst Motorradmotoren für die britische Rheinarmee. Ende der vierziger Jahre beginnt die Produktion von Motorradmotoren bis 250 ccm und Motorrollermotoren bis 200 ccm. Außerdem wird in Pinneberg der Vespa-Motor in Lizenz hergestellt. Aus den Motorrollermotoren entstehen Kleinwagenmotoren, und Firmen wie Kleinschnittger, Fuldamobil und Champion bauen ihre interessanten Mobile mit Ilo-Motoren. Fahrradhilfsmotoren werden nach dem Krieg von Ilo natürlich auch weitergebaut, und zwar nicht nur in Pinneberg. Auch das Münchener Zweigwerk Süd-Ilo ist an der Entwicklung und Produktion neuer Typen beteiligt. Die in der Folgezeit produzierten Moped-Motoren, die als robust und zuverlässig gelten, werden von vielen Mopedherstellern bestellt. 1954 laufen bereits über 100.000 Ilo-Motoren in mehr als 30 verschiedenen Markenmopeds.
Die Entwicklung der Mopedmotorenproduktion beginnt bei Ilo eigentlich schon nach der Währungsreform. Nachdem 1948 die Produktion des Fahrradhilfsmotors F 60 eingestellt wird, entwickelt Ilo hieraus, entsprechend der Beschränkung auf 50 ccm, den Typ H 48 für Mopeds in Pinneberg. Gleichzeitig läuft bei Süd-Ilo der Reibrollenmotor F 48 in Serie, der ebenfalls unter jedes normale Fahrrad zu montieren ist. Der Motorhalter des F 48 mit Gummilagerung dient gleichzeitig als Gelenk zum Abheben und Anpressen der Reibrollen an den Reifen.

Fahrradhilfsmotor F 60 H (Hinterrad) oder F 60 R Rahmendreieck). Dieser 60-ccm-Motor mit 1,25 PS wird von Ilo von 1926 bis 1948 gebaut

Reibrollen-Motor F 48 von 1949

Ilo F 48 — 1953

Motor:
Luftgekühlt. Einzylinder-Zweitakt-Motor, Typ F 48, Bohrung 37 mm, Hub 44 mm, Hubraum 48 ccm, Leistung 0,8—1 PS bei 3000 bis 4000 U/min., Vergaser Bing BJF 1/9,5.

Zündart:
Standmagnet Siba MZ 2 R.

Antrieb:
Durch 1:2,1 untersetzte profilierte Reibrolle.

Kraftstoff und Schmierung:
Normales Öl-Benzingemisch 1:25, Markenöle.

Kraftstoffbehälter:
Unter dem Sattel: Inhalt **1,75 Ltr.**

Kraftstoffnormverbrauch:
1,2 Ltr./100 km.

Steigfähigkeit (ohne Mittreten): 10%.

Gewicht: 7,2 kg.

Preis: DM 268.—.

Ilo 1954

Abgelöst wird der F 48 durch den FP 50 mit Eingang-getriebe, der für den Einbau in Mopeds konstruiert ist. Der zunächst in Grauguß gearbeitete Zylinder wird später durch einen Leichtmetallzylinder mit eingezogener Laufbüchse abgelöst. Die auf kräftigen Lagern laufende Kurbelwelle überträgt die Leistung über schrägverzahnte Stirnräder auf die im erweiterten Kurbelgehäuse auf einem Nadellager laufende Stahllamellenkupplung. Um Metallabrieb von den Lagern und den Zahnrädern auszuschließen, ist im Kurbelgehäuse eine Magnetschraube eingebaut.

Moped-Motor FP 50

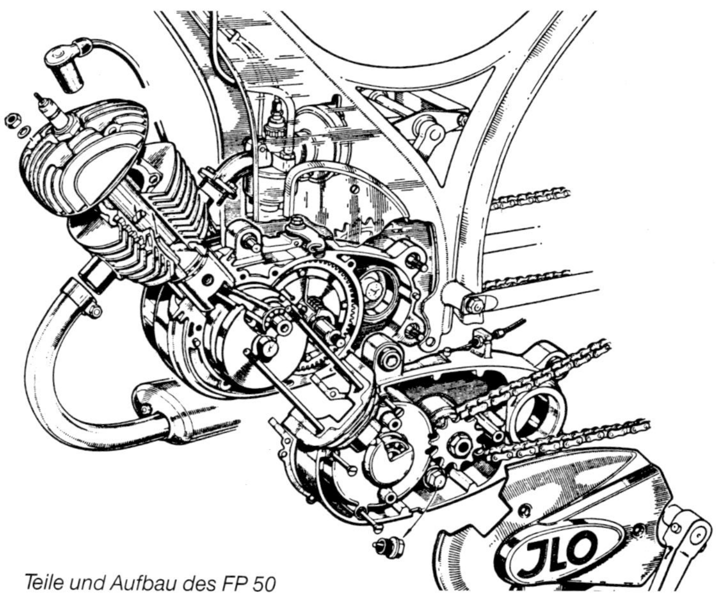

Teile und Aufbau des FP 50

Ilo FP 50 — 1955

Motor: Luftgekühlter Einzylinder-Zweitakt, Bohrung 38, Hub 43, Verdichtung 1:6, Dauerleistung 1,5 PS bei 5000 U/min., Höchstdrehzahl 5200 U/min.

Vergaser: Bing- oder Pallas-Startvergaser.

Elektrische Anlage: Noris-Schwungradlichtmagnet 6 V 3 W, Kerze Bosch W 175 T 11, Gewinde M 14.

Getriebe und Antrieb: 1 Gang, Mehrscheibenkupplung im Ölbad, Primärkette 1/2 x 3/16, Sekundärkette 1/2 x 3/16, Antrieb auf Hinterrad durch Kette.

Kraftstoff und Schmierung: Öl-Benzin-Gemisch 1:25.

Verbrauch: Normverbrauch 1,3 Ltr./100 km.

Steigfähigkeit (ohne Mittreten): 12%.

Gewicht: ca. 8 kg.

Preis: Motor wird nur zum Einbau an Fabriken abgegeben.

Moped-Motor H 48 in der Ausführung von 1955

G 50 mit Automatikgetriebe

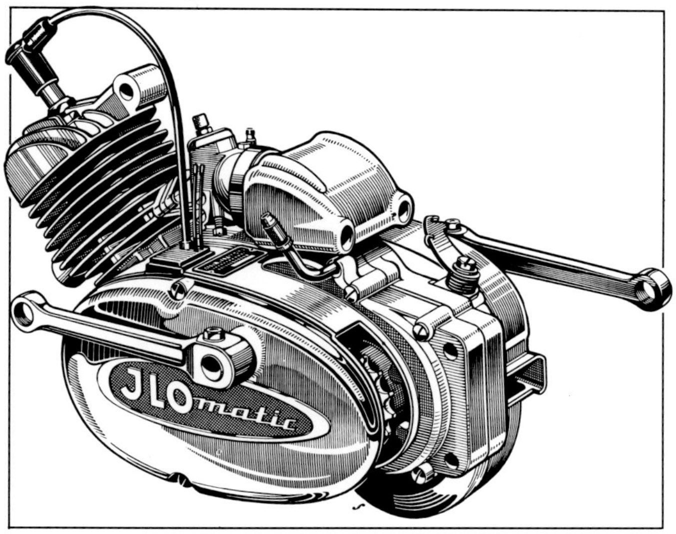

Teile und Aufbau des G 50

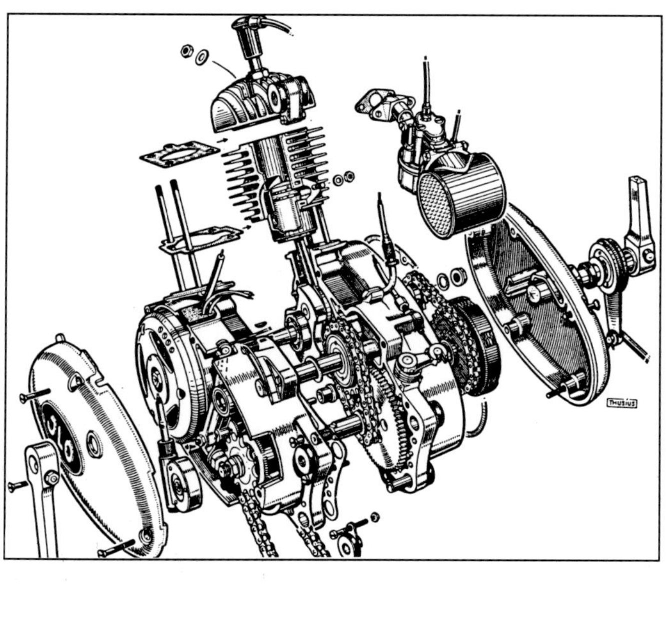

Weiter geht es bei Ilo mit der Entwicklung von Mehrgangmotoren: Die Typen G 50 mit wahlweise Zweigang- oder Dreiganggetriebe kommen auf den Markt, bei denen das Tretlager schon im Motor integriert ist. Bei dem Zweigang-Ilo arbeitet der Motor über einen Kettentrieb auf die Vorgelegewelle, auf der auch die Kupplung mit vier Lamellenpaaren sitzt. Die Kraftübertragung vom Vorgelege auf die Antriebswelle geschieht über durch Klauen und Schaltrad in zwei Gängen schaltbare Zahnräder. Die Welle trägt einen Freilauf, der über eine Kette fest mit dem Schaltrad des kleinen Ganges verbunden ist. Startmöglichkeit ist in der Leerlaufstellung des Getriebes gegeben, Tretmöglichkeit im kleinen Gang mit gezogener Kupplung.

Diese G-50-Typen liefert Ilo mit oder ohne Ventilator (Eigenkühlung), und auch eine Version mit Automaticgetriebe kommt heraus. In Anbetracht der Einführung eines Zahnriemens anstelle der Kette für die Kraftübertragung bekommen die Modelle wegen der Geräuschreduzierung den Beinamen „Piano".

Ende der fünfziger Jahre stellt Ilo die Hauptproduktion auf stationäre Motoren um, weil die allgemeine Absatzkrise in der Motorradindustrie dazu Veranlassung gibt. Motoren für Mokicks und Kleinkrafträder werden noch bis in die sechziger Jahre gebaut. Dann allerdings ist bei Ilo mit dem Zweiradgeschäft endgültig Schluß: Es werden nur noch stationäre Motoren und Einbaumotoren für industrielle Zwecke gefertigt.

Ilo G 50 — 1955

Motor: Luftgekühlter Einzylinder-Zweitakt, Bohrung 38, Hub 43, Verdichtung 1:6,5, Dauerleistung 1,7 PS bei 5250 U/min., Höchstdrehzahl 5250 U/min.

Vergaser: Bing 1/12/41 bzw. Pallas G 12/118.

Elektrische Anlage: Schwungradlichtmagnetzünder 6 V 3 W, Kerze Beru 225/14 u 2, Gewinde M 14.

Getriebe und Antrieb: 2 Gänge, Mehrscheibenkupplung im Ölbad, Primärkette 3/8 x 5/32, Sekundärkette 1/2 x 3/16, Abstufung 1:13,8:7,0, Kraftübertragung durch Kette auf Hinterrad.

Kraftstoff und Schmierung: Öl-Benzin-Gemisch 1:25.

Verbrauch: Normverbrauch 1,5 Ltr./100 km.

Steigfähigkeit (ohne Mittreten): ca. 20%.

Gewicht: 9 kg.

Preis: Motor wird nur an Fabrik zum Einbau abgegeben.

G 50 „Piano"

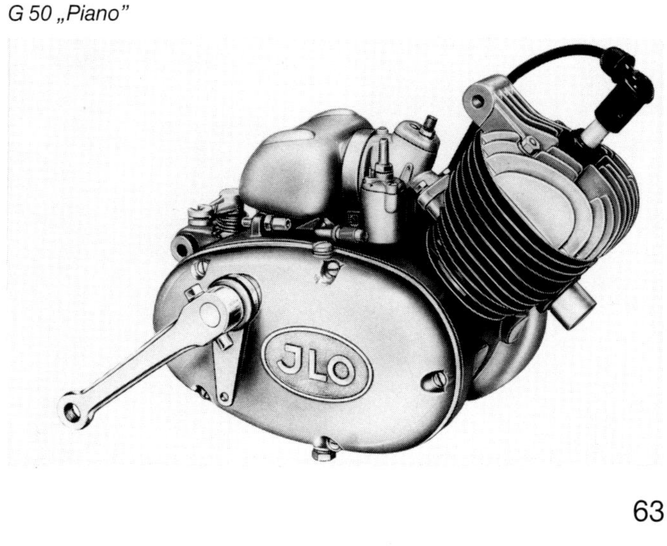

KREIDLER

„Kaisers Zeiten" herrschen in Deutschland, der Jugendstil ist auf dem Höhepunkt und der Opel-Tonneau wird aus der Taufe gehoben, als 1902 die „Kreidlers Metall- und Drahtwerke" gegründet werden. Ein umfangreiches Fabrikationsprogramm wird in Stuttgart-Zuffenhausen aufgebaut und fünfzig Jahre später sind mehr als 1.000 „Mitschaffende" bei Kreidler beschäftigt. 1951 wird in Stuttgart das neue Motorfahrrad K 50 vorgestellt und eine erstaunlich konsequente Modellpolitik eingeleitet. Man konzentriert sich ausschließlich auf Kleinkrafträder mit 50-ccm-Motoren, freilich mit angemessener Variantenvielfalt: Mopeds, Motorfahrräder, Motorräder, Rollermopeds und Motorroller. Mitte der fünfziger Jahre wird den Zweirädern bei Kreidler eine eigene Abteilung gewidmet, die ihren Sitz in Kornwestheim bei Stuttgart hat. 1959 ist jedes dritte in der Bundesrepublik gebaute Motorrad eine Kreidler-Florett und unter dieser Bezeichnung wird auch Ende der sechziger Jahre noch bei Kreidler produziert. Sportmaschinen und Rennmotorräder machen von sich reden, Weltrekorde werden aufgestellt und Kreidler baut seinen Marktanteil trotz der Zweiradkrise kräftig aus. Erst in den siebziger Jahren, als in der Bundesrepublik die Italiener und besonders die Japaner auf den Markt drängen, wird es für Kreidler eng und schließlich wird das traditionsreiche Unternehmen an eine italienische Firma abgegeben. Die 50-ccm-Mofas und das 125-ccm-Motorrad „Mustang", die heute noch unter „Kreidler" firmieren, werden in Italien hergestellt und von einer Dortmunder Vertriebs-GmbH in der Bundesrepublik angeboten.

Kreidler K 50

Sie ist zwar offiziell noch kein Moped, die K 50, die Kreidler 1951 auf den Markt bringt, aber diese Moped-Vorläuferin ist schon erstaunlich nah dran. Nur das Gewicht von 45 kg und die Höchstgeschwindigkeit von 55 km/h stimmen noch nicht. Der durchstiegsfreie Einrohrrahmen weist nahtlos gezogenes Stahlrohr auf, eine Zweipunkt-Motoraufhängung in Gummielementen und eine langhubige Teleskopvordergabel. Das Mofa ist mit einem eigenen 50-ccm-Zweitaktmotor mit einer Dauerleistung von 2,2 PS ausgerüstet. Interessant ist die Tatsache, daß der Tretkurbelantrieb schon in das Getriebe eingebaut und nur eine Kette für Tretantrieb und den Motorantrieb vorhanden ist.

Kreidler K 50. Der Motor ist nur für das Kreidlermotorfahrrad bestimmt, das trotz des unter 50 ccm liegenden Zylinderinhalts wegen des 33 kg überschreitenden Gewichtes gesetzlich nicht als Moped gilt

Kreidler-Junior J 50

Kreidler-Junior J 50

Nachdem die Führerscheinfreiheit abhängig geworden ist vom Fahrzeuggewicht unter 33 kg, ist Kreidler gleich 1953 mit einem regelrechten Moped auf dem Markt. Die J 50 verfügt über einen Einrohrrahmen, der gleichzeitig als 3-Liter-Tank dient. Der Tankeinfüllstutzen liegt unter dem hochklappbaren Sattel. Der Antrieb erfolgt durch den 50-ccm-Zweitaktmotor mit hartverchromtem Aluminiumzylinder, der schon für die K 50 entwickelt worden war, jedoch ohne Wechselgetriebe. Die Bergsteigefähigkeit wird mit 12% angegeben. Das Triebwerk ist schon leicht verkleidet. Die Innenbackenbremsen vorn und hinten sind reichlich dimensioniert, die Betätigung erfolgt durch Handhebel vorn und Fußhebel hinten. Als Sonderausstattung wird eine Federgabel angeboten.

Kreidler Junior J 50 — 1955

Motor: Einzylinder-Zweitakt, Bohrung 38, Hub 44, Verdichtung 1:6,25, Dauerleistung 1,5 PS bei 5000 U/min., höchstes Drehmoment bei 2500 U/min.
Vergaser: Pallas H 10/101 HD 50/SD 8408/KS 300.
Elektrische Anlage: Schwunglichtzünder 6 V 3 W, Kerze 175—225, Gewinde 14 x 1,25.
Getriebe und Antrieb: 1 Gang, Drehgriffschaltung, Dreischeibenkupplung im Ölbad, Sekundärkette 1/1 x 3/16, 124 Glieder, Übersetzung 1:17,7.
Rahmen: Tankrohrrahmen, durchstiegfrei, Schwinggabel vorn.
Bereifung: v. 23 x 2,00, h. 23 x 2,00, Reifendruck v. 1,1 — h. 1,2.
Bremsen: Innenbackenbr., 90 mm ø.
Tankinhalt: 3 Ltr., Reserve ca. 0,4 Ltr., Gemisch 1:20.
Verbrauch: Normverbrauch 2 Ltr./100 km.
Abmessungen: Länge 1770 mm, Breite 600 mm, Höhe 930 mm, Radstand 1150 mm, Bodenfreiheit 125 mm, Gewicht 33 kg.
Preis: DM 448,—.
Steuer: frei.
Versicherung: DM 6,— p. J.

Kreidler Junior J 51 — 1955

Motor: Einzylinder-Zweitakt, Bohrung 38, Hub 44, Verdichtung 1:7,25, Dauerleistung 2 PS bei 5500 U/min., höchstes Drehmoment 0,32 mkg bei 2500 U/min.
Vergaser: Pallas H 10/125/HD 52/SD 8409/KS 300.
Elektrische Anlage: Schwungradlichtzünder 6 V 3 W, Kerze 175—225, Gewinde 14 x 1,25.
Getriebe und Antrieb: Lenkerschaltung ohne zu kuppeln, Dreischeibentrockenkupplung, Sekundärkette 1/2 x 3/16, 120 Glieder, Abstufung 1,74:1, Übersetzung 1:14.
Rahmen: Tankrahmen, durchstiegfrei, progressiv wirkende Schwinggabel vorne.
Bereifung: v. 23 x 2,00, h. 23 x 2,00.
Bremsen: Innenbackenbr., 100 mm ø.
Tankinhalt: 3 Ltr. (Zusatztank 4,5 Ltr.), Gemisch 1:20.
Verbrauch: 1,8 Ltr.
Abmessungen: Länge 1810 mm, Breite 600 mm, Höhe 930 mm, Radstand 1190 mm, Bodenfreiheit 125 mm, Gewicht 33 kg.
Preis: DM 495,—.
Steuer: frei.
Versicherung: DM 16,— p. J.

Kreidler-Motor K 50 aufgeschnitten

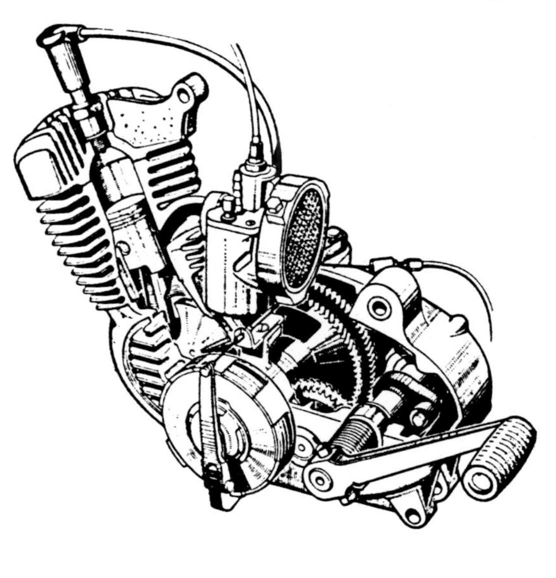

Kreidler-Junior J 51

Kreidler J 51/1 — 1957

Motor: Einzylinder-Zweitakt Kreidler, Bohrung 38, Hub 44, Verdichtung 1:7,25, Dauerleistung 2 PS bei 5500 U/min.

Vergaser: Pallas H 10/125 HD, 55/SD, 8409 KS 30.

Elektrische Anlage: Schwungradlichtmagnetzünder 6 V 3 W, Kerze Bosch W 190 11 M S, Gewinde 14 x 1,25.

Getriebe und Antrieb: 2 Gänge, Drehgriffschaltung ohne zu kuppeln, Sekundärkette 1/1x3/16, 122 Glieder, Übersetzung 1:14.

Rahmen: Tankrohrrahmen, durchstiegfrei, Schwinggabel v., Schwinge mit Federbeinen h., Lackierung zweifarbig.

Bereifung: v. 23 x 2,00, h. 23 x 2,00, Reifendruck v. 1,1 — h. 1,2.

Bremsen: Innenbackenbr., 100 mm ø.

Tankinhalt: 6,0 Ltr., Reserve ca. 1,5 Ltr., Gemisch 1:20.

Verbrauch: Normverbrauch 1,5 Ltr./100 km.

Abmessungen: Länge 1810 mm, Breite 600 mm, Höhe 930 mm, Radstand 1200 mm, Bodenfreiheit 125 mm, Gewicht 33 kg.

Preis: DM 598,—.

Steuer: frei.

Versicherung: DM 16,— p. J.

Kreidler J 51 R

Kreidler-Junior J 51

Eine leicht modifizierte Form hat die J 51 aufzuweisen, die 1955 die deutsche Mopedszene bereichert. Der Tankrahmen ist etwas verändert, die Schutzbleche sind tiefer gezogen, der Sattel ist kräftiger. Der Motor leistet jetzt 2 PS und die Zweigang-Lenkerschaltung funktioniert ohne kuppeln. 1956 wird die J 51 weiter verbessert. Durch den vergrößerten Tank, der jetzt 6 Liter faßt, hat sich das Gesamtbild stark verändert. Das Moped wirkt jetzt kompakter und kräftiger und verfügt über eine Hinterradfederung. Ein Zweigang-Synchrongetriebe ist eingebaut und der Kupplungshebel wird nur zum Anfahren und Anhalten benötigt. Der im ersten Gang eingebaute Überholfreilauf ermöglicht relativ ruckfreies Langsamfahren im Großstadtverkehr und flottes Umschalten am Berg. Die Bergsteigefähigkeit wird mit 20% angegeben. Die J 51/1, wie sie jetzt präzise heißt, wird selbstverständlich mit Zweifarblackierung und Sicherheitsschloß serienmäßig ausgestattet. Bei Erscheinen kostet die J 51/1 noch 598 DM, 1957 wird der Preis auf 525 DM gesenkt, für den Tacho muß man allerdings noch 20 DM zulegen.

KREIDLER J 51 R

Die letzte Neuerung an den bekannten Kreidlertypen ist ein Schmutzschutz, bestehend aus Blechen hinter dem Vorderrad und flexiblen Bodenflächen, die beim Pedaltreten nach unten ausweichen. Weitere Vorzüge dieses „Rollermopeds": Synchrongetriebe und wirksame Allradfederung.

Kreidler J 51 R — 1957

Motor: Luftgekühlter Einzylinder-Zweitakt Kreidler, Bohrung 38 mm, Hub 44 mm, Hubraum 49,9 ccm Verdichtung 1:7,25, Dauerleistung 2 PS bei 5500 U/min., höchstes Drehmoment bei 2500 U/min.

Vergaser: Pallas H 10/125.

Elektrische Anlage: Schwunglichtzünder, 6 V 3 W, Kerze Bosch W 190 M 11 S, Gewinde 14 x 1,25.

Getriebe u. Antrieb: 2 Gänge, Drehgriffschaltung, ohne zu kuppeln, Dreischeiben-Trockenkupplung, Sekundärkette 1/2 x 3/16, 122 Glieder, Übersetzung 1:14.

Rahmen: Tankrohrrahmen, durchstiegfrei, Schwinggabel v., progressiv wirkend, h. Schwinge mit Federbeinen, Lackierung zweifarbig.

Bereifung: v. 23 x 2,00, h. 23 x 2,00.

Bremsen: Innenbackenbr., 100 mm ø.

Tankinhalt: 6,0 Ltr., Zubehörtank 1,5 Ltr., Gemisch 1:20.

Verbrauch: Normverbrauch 1,5 Ltr./100 km.

Abmessungen: Länge 1810 mm, Breite 600 mm, Höhe 930 mm, Radstand 1200 mm, Bodenfreiheit 125 mm, Gewicht 33 kg.

Preis: DM 565,—, mit Tachometer Mehrpreis DM 20,—.

Steuer: frei.

Versicherung: DM 16,— p. J.

Kreidler J 51 R

Als Neuerung an den Kreidler-Typen erscheint 1956 eine Version mit Schmutzschutz, der aus Blechen hinter dem Vorderrad und flexiblen Bodenflächen besteht, die beim Pedaltreten nach unten ausweichen. Die Bodenflächen, die aus Kunststoff gearbeitet sind, sollen vor Spritzern von unten schützen. Dieser Typ nennt sich Rollermoped und ist auch zweifarbig lackiert.

Kreidler-Amazone

Mit der Amazone, die erstmals Ende 1956 vorgestellt wird, hat man sich im Hause Kreidler dem „new look" angepaßt. Stromlinienform, üppige Verkleidung und eine Sitzbank sind die neuen äußeren Merkmale. Trotz des weitgehenden Schmutzschutzes wirkt die Amazone recht sportlich. Der Preßrahmen ist mit einer Schwinge ausgestattet, die Hinterradfederung erfolgt durch Schwinge, als Federungselemente dienen Federbeine und der Federweg am Hinterrad beträgt 90 mm. Die Vollnabenbremsen verzeichnen einen Durchmesser von 90 mm vorne und 100 mm hinten. Der Satteltank faßt 5,7 Liter und wird mit einem Kunststoffverschluß geliefert. Der bewährte Kreidler-Motor mit dem verblockten Zweiganggetriebe mit Synchronschaltung bildet auch für die Amazone das Antriebsaggregat. Auf Wunsch sind drei Gänge lieferbar. Die Mehrscheiben-Trockenkupplung liegt, wie bei Kreidler üblich, frei rechts am Gehäuse, was den Vorteil der Fahrtwindkühlung bringt. Der neue Auspuff, der das Fahrgeräusch nach Werksangaben auf 75 Phon herabdrücken soll, ist zur besseren Reinigung zerlegbar. Lack und Chrom gelten als hervorragend verarbeitet. Ein kräftiger Kippständer, ein Sicherheitsschloß am Hinterrad und der Gepäckträger werden inklusive geliefert. Die Zweifarbenlackierung wird in elfenbein-hellblau angeboten.

Kreidler K 52 Amazone 1957

Motor: Luftgekühlter Einzylinder-Zweitakt Kreidler, Bohrung 38 mm, Hub 44 mm, Hubraum 49 ccm, Verdichtung 1:7,25, Leistung 2 PS bei 5500 U/min.

Vergaser: Pallas-Vergaser H 12/148.

Elektrische Anlage: Schwunglichtzünder 6 V 17 W, Kerze Bosch W 190 M 11 S, Gewinde 14 mm.

Getriebe und Antrieb: 2 Gänge, Zweigang-Synchronschaltung, Dreischeiben-Trockenkupplung, Sekundärkette 1/2 x 3/16", 122 Glieder, Übersetzung 1:14.

Rahmen: Preßrahmen, durchstiegfrei, Schwinggabel v., progressiv wirkend, Schwinge mit Federbeinen h., Lackierung zweifarbig.

Bereifung: v. 23 x 2,00, h. 23 x 2,00, Reifendruck v. 1,8 — h. 2,0.

Bremsen: Vollnabenbremsen v. 90 mm ø, h. 100 mm ø.

Tankinhalt: 5,7 Ltr., Reserve 0,85 Ltr., Gemisch 1:20 oder 1:25.

Verbrauch: Normverbrauch 1,5 Ltr./100 km.

Abmessungen: Gesamtlänge 1840 mm, Breite 680 mm, Höhe 1000 mm, Radstand 1200 mm, Bodenfreiheit 125 mm.

Preis: DM 635,—, mit Sitzbank Mehrpreis DM 13,—.

Steuer: frei.

Versicherung: DM 16,— p. J.

Kreidler-Amazone von 1956

Kreidler-Florett

Als IFMA-Sensation wird das „steuerfreie Vollmotorrad" Florett 1956 gefeiert. Ein Moped ist die Florett in der Tat nicht mehr, obwohl der Hubraum von 50 ccm nicht überschritten wird. Kreidler stellt sich mit der Florett auf die ständig steigenden Käuferwünsche ein. Das Fahrwerk ist stabiler, die Bremsen sind besser, das Gesamtgewicht höher, der Motor erhält größere Leistungsreserven und die Federung ist wirksamer geworden. Die Florett ist steuerfrei, mit Doppelsitz und Soziusrasten ausgestattet und wird mit Führerschein Klasse IV gefahren. Sie ist auf Autobahnen zugelassen und muß ein Nummernschild tragen. Das Werkzeug ist in einem Schubfach im Tanktunnel untergebracht. Der Triebwerksblock mit dem gebläsegekühlten Motor ist verschalt. Der Kühlluftmantel ist gegossen, der Kurzhubmotor dreht bis 7.000 und leistet gut 3 PS. Das Dreiganggetriebe funktioniert mittels Zweizugschaltung. Das Hinterrad verfügt über Steckachsen; beim Radausbau bleiben Antrieb und Bremse am Rahmen. Die Hinterradbremse wird durch Seilzug betätigt. Der Vorderkotflügel ist enorm breit und tragendes Teil für die Langschwinge, in der durch Druckfedern gefedert das Vorderrad aufgehängt ist. Eine ausreichende Hinterradfederung ist durch hydraulisch gedämpfte Schwinge mit 90 mm Federweg gewährleistet. Der Sporttank faßt 8,4 Liter, die Bergsteigfähigkeit wird mit 32% angegeben. Zur Serienausstattung gehören Tachometer, Lenkschloß, Mittelkippständer, Werkzeug, verchromte Federbeine und verchromter Auspuff sowie die rotschwarze Zweifarblackierung.

Kreidler Florett	1958
Motor: Liegender Einzylinder-Zweitakter, gebläsegekühlt, Bohrung 40 mm, Hub 39,5 mm, Dauerleistung 3 PS bei 6000 U/min, hartverchromter Leichtzylinder.	**Bereifung:** v. 23 x 2,50, h. 23 x 2,50.
Vergaser: Pallas, Starterklappe, Naßluftfilter.	**Bremsen:** Vollnabenbremsen.
Elektrische Anlage: Schwunglicht-Magnetzünder, 17 W, Scheinwerfer 100 mm, Kerze 240.	**Tankinhalt:** 8,2 l, Reserve 1,7 l.
Getriebe und Antrieb: 3 Gänge, Drehgriffschaltung, Kickstarter, Mehrscheibenkupplung.	**Verbrauch:** 1,5 l/100 km, Gemisch 1 : 25.
Rahmen: Stahlpreßrahmen, Langarmschwingen mit Federbeinen vorn und hinten, hydr. Dämpfer, zweifarbige Lackierung.	**Höchstgeschwindigkeit:** 65 km/h, Bergsteigfähigkeit 30%, für Sozius zugelassen.
	Abmessungen: Breite 590 mm, Radstand 1200 mm.
	Preis: DM 838,—, Aufpreis für Doppelsitzbank und Rasten DM 20,—.
	Steuer: frei.
	Versicherung: DM 16,— p. J.

Kreidler-Florett von 1956

Lutz PS 53 Sport

LUTZ

Der Gründer der in Braunschweig-Kralenriede ansässigen Lutz GmbH, Dr. Otto Lutz, ist ordentlicher Professor an der Technischen Hochschule Braunschweig und zeichnet für die Konstruktion der Lutz-Motoren verantwortlich. Zunächst werden kleine 58-ccm-Einbaumotoren hergestellt, ab 1949 auch Kleinroller. Fahrräder mit Hilfsmotoren sind ab 1950 im Programm. 1953 folgen drei Mopedausführungen, die mit dem eigenen 49,3-ccm-Eingangmotor angetrieben werden. Die P 53 Standard und die RE 53 Export sind mit einem Doppelrohrrahmen ausgestattet, der den Motor zwischen den Rohren trägt. Bei der Standard-Ausführung hängt der kleine kastenförmige 3-Liter-Tank an dem Oberrohr, die Export-Version verfügt über einen richtigen 5-Liter-Mopedtank. Die PS 53 Sport verzichtet auf das heruntergezogene Unterrohr. Es wird hier über den Motor gezogen und bildet mit dem Rahmentank eine geschlossene Einheit. Während bei ähnlichen „Fahrrad-Mopeds" der Durchstieg sehr geräumig ist, ist bei den Lutz-Ausführungen wegen der eigenwilligen Motoranordnung der Durchstieg nur von geringer Größe. Die Fahrgestelle werden von der Bielefelder Fahrradfabrik Rapier geliefert. Wegen der großen Konkurrenz im Moped-Motorenbau stellt Lutz bereits 1954 seinen Betrieb ein.

Lutz P 53 Standard — 1953

Motor:
Luftgekühlter Einzylinder-Zweitakt-Motor, Bohrung 40 mm, Hub 39,5 mm, Hubraum 49,3 ccm, Verdichtung 1:6,5. Leistung ca. 1,5 PS bei 4000 U/min. Schwimmerloser Amal-Vergaser 10 mm.

Elektrische Anlage:
Schwungrad-Lichtmagnetzünder 6 V 6 W. Rücklicht.

Kraftübertragung:
Ein-Ganggetriebe, Stahlkonuskupplung im Ölbad, Rollenkette auf Hinterrad.

Fahrgestell:
Doppelrohrrahmen, Torsionsfedergabel.

Bremsen: Fahrradbremsen.

Bereifung: 26×2,00.

Kraftstoffbehälter:
Inhalt 3 Ltr.

Kraftstoffnormverbrauch:
1,4 Ltr./100 km.

Steigfähigkeit (ohne Mittreten): bis 18%.

Gewicht: ca. 30 kg.

Preis: DM 489.—.

Lutz RE 53 Export

MAICO

Als die Maico-Werke in Pfäffingen 1981 ihr Firmenjubiläum zum 50jährigen Bestehen feiern, ahnen sie sicher noch nicht, daß zwei Jahre später Konkurs angemeldet werden muß. Das traditionsreiche Motorradwerk mit dem hohen Bekanntheitsgrad für schwäbische Präzisionsarbeit kann dem enormen Druck der Konkurrenz aus Italien und besonders aus Japan nicht mehr standhalten. Daß damit ein weiterer bedeutender deutscher Motorradhersteller vom Markt verschwindet, beunruhigt nicht nur die Zweiradbranche.

Mopeds werden bei Maico bereits ab 1953 gebaut. Das „Wiesel" ist eines der ersten allradgefederten Mopeds. Es verfügt über eine Vorder- und Hinterradschwinge, wobei Gummielemente vorn als Zugfeder und hinten als Druckfeder arbeiten. Als Antriebsquelle dient der Zweigang-Sachs-Motor. Die Antriebskraft wird mit nur einer Kette vom Motor und von den Pedalen zum Hinterrad übertragen. Die ersten Maico-Wiesel werden mit 26-Zoll-Reifen ausgestattet, ab 1955 gibt es jedoch die 23-Zoll-Bereifung, die für eine niedrigere Bauart und damit auch für ein kompakteres Erscheinungsbild sorgt. Bei dieser neuen Ausführung sind breite Schmutzverkleidungen an beiden Rädern und ein Kettenschutz angebracht. Eine Dreigangausführung unter der Bezeichnung Wiesel II, ebenfalls mit Sachs-Motor, wird 1957 auf den Markt gebracht.

Maico-Wiesel von 1955

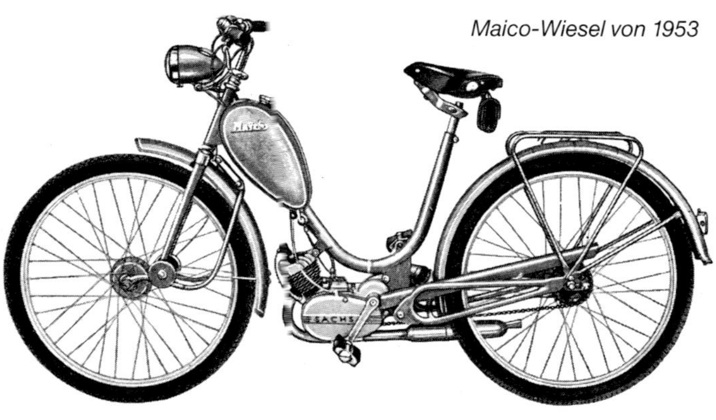

Maico-Wiesel von 1953

Maico Wiesel 1955

Motor: Einzylinder-Zweitakt Sachs, Bohrung 38, Hub 42, Verdichtung :6, Dauerleistung 1 PS bei 4000 U/min., Höchstdrehzahl 4500 U/min.

Vergaser: Bing 1/12/20 mit Starteinrichtung, Einstellung HD 56/ND 2,10/Nstlg. 3. Kerbe v. o.

Elektrische Anlage: Bosch LM/UR 1/115/3 R 1 6 V 3 W, Kerze Bosch W 75 T 11, Gewinde M 14 x 1,25.

Getriebe und Antrieb: 2 Gänge, Drehgriffschaltung, Zweischeibenkupplung, Primärkette 3/8 x 5/32, 38 Rollen, Sekundärkette 1/2 x 3/16, 98 Rollen, Abstufung 2,89 : 1,77 : 1, Übersetzung gr. Gang 17,06 = 40 km/h.

Rahmen: oben offener Rohrrahmen, Schwinggabel, Hinterradschwinge.

Bereifung: v. 23 x 2,00, h. 23 x 2,00, Reifendruck v. 1,6 — h. 2,0.

Bremsen: Stahlblechtromm., 90 mm ø.

Tankinhalt: 4,5 Ltr., Reserve 0,8 Ltr., Gemisch 1 : 25.

Verbrauch: Normverbrauch 1,2 Ltr./100 km, Straßenverbrauch 1,8 Ltr./100 km.

Abmessungen: Radstand 1200 mm, Länge 1830 mm, Breite 580 mm, Höhe 980 mm, Bodenfreiheit 140 mm, Gewicht 33 kg.

Preis: DM 565,—.

Steuer: frei.

Versicherung: DM 6,— p. J.

MARS

„Mars baut nicht mehr", meldet die Zeitschrift „Das Moped" im September 1958, und fügt hinzu: „Vor einigen Tagen mußte nun doch der Konkurs angemeldet werden, was niemand mehr bedauert als wir, die wir die Bemühungen der Leute, ihre alte gute Tradition fortzusetzen, kannten." In der Tat verläßt mit Mars eine renommierte Motorradfabrik den deutschen Markt. Bereits 1898 als Fahrradfabrik gegründet, nehmen die Nürnberger schon bald die Motorradfertigung auf. 1920 entsteht die Weiße Mars, die von einem 1.000-ccm-Maybach-Motor angetrieben wird, Steckachse, Zweiganggetriebe, Kickstarter und einen Zentralkastenrahmen besitzt. Nach dem Krieg macht Mars durch Pionierleistungen im Bereich der Hinterradschwinge, der Gummifederung und der 16-Zoll-Reifen von sich reden.

Mars-Moped

Das erste Moped von Mars trägt noch keinen Namen. Es erscheint 1954 mit einem Zentralrohrrahmen und einer Vorderradschwinghebelgabel. Die zwei Schwinghebel der Gabel werden durch Feder-Puffer abgefedert und in den Auslegern der Gabel gelagert. Das Mars-Moped wird von einem Sachs-Zweigangmotor angetrieben, bei dem Tretlager, Freilauf und Rücktritt eingebaut sind. Die Ballonräder sind noch 26 Zoll groß. Als Lackierung stehen drei verschiedene Ausführungen zur Verfügung: silbergrau, mocca oder schwarz. Der Preis: 575 DM. Für 6 DM Aufschlag gibt es Stahl-Chrom-Felgen, und der in den Scheinwerfer eingebaute Tacho kostet 22 DM.

Mars 23 S

Mit der 23 S hat Mars ein kompakt wirkendes Moped mit 23-Zoll-Bereifung geschaffen, dessen tragende Teile sämtlich aus Blech gepreßt sind. Die Hinterradkette ist gekapselt, der Kettenkasten wird zum Tragen des Hinterrades herangezogen. Neben der beim Vormodell schon erwähnten Vorderradschwinge wird hier auch eine gummigefederte Hinterradschwinge nach dem Vorbild der Mars-Motorräder geboten. Die Schutzbleche sind breit gezogen, das hintere geht aus dem Preßstahlrahmen hervor und trägt frei den verchromten Gepäckträger. Der Kettenkasten ist voll geschlossen. Die Mars 23 S ist ab 1955 erhältlich.

Mars 23 DS

Das sogenannte Tourenmoped wird 1956 angeboten und löst die 23 S ab. Die Hinterradfederung der 23 DS ist mit Federbeinen ausgebildet. Ab 1957 bietet Mars die 23 DS auch mit dem Sachs-Dreiganggetriebe an, was den Preis auf 715 DM bringt. Kurze Zeit vor dem Konkurs werden wahlweise außer Sachs- auch Ilo-Motoren offeriert.

Das Kleinstkraftrad Monza erscheint 1956, und das sportliche Tourenmoped Milano ist ab 1957 erhältlich. Beide Modelle werden nach dem Mars-Konkurs von Gritzner weitergebaut und sind dort beschrieben.

Mars 23 DS	1957
Motor: Einzylinder-Zweitakt Sachs, Bohrung 38, Hub 42, Verdichtung 1:6, Dauerleistung 1,25 PS bei 4100 U/min., Höchstdrehzahl 5500 U/min.	**Bereifung:** v. 23 x 2,00, h. 23 x 2,00, Reifendruck v. 1,1 — h. 1,2.
Vergaser: Bing 1/12/22 D 56/ND 1517, NS 3.	**Bremsen:** F&S-Alu-Vollnaben.
Elektrische Anlage: Bosch-Schwungradlichtmagnet 6 V 17 W, Kerze Bosch W 190 M 11 S, Gewinde M 14.	**Tankinhalt:** 5 Ltr., Reserve 1 Ltr., Gemisch 1:25.
Getriebe und Antrieb: 2 Gänge, Drehgriffschaltung, Zweischeiben-Korklamellenkupplung, Sekundärkette 1/2 x 3/16, Abstufung 1:26,7:15,4.	**Verbrauch:** Normverbrauch 1,3 Ltr./100 km.
Rahmen: Preßrahmen, Schwinggabel vorne, Schwinge hinten mit Gummiblockfederung und Federbeinen.	**Abmessungen:** Länge 1670 mm, Breite 560 mm, Höhe 1000 mm, Radstand 1110 mm, Bodenfreiheit 200 mm, Gewicht ca. 35 kg.
	Preis: DM 648,—.
	Steuer: frei.
	Versicherung: DM 16,— p. J.

Mars-Moped

Mars-23-S

MEISTER

(Mammut, Phänomen)

August Plöger gründet 1921 die Meister-Fahrradwerke in Bielefeld, und elf Jahre später übernimmt Erhard Doppelt, ein Kaufmann aus den Sachs-Werken, den Betrieb, der inzwischen 400 Mitarbeiter beschäftigt. Nach dem Krieg steigt Doppelt, wie so viele andere Fahrradproduzenten, ins Motorradgeschäft ein. Zwischen 1950 und 1956 werden verschiedene Maschinen bis 200 ccm mit Ilo- und Sachs-Motoren hergestellt. Hinzu kommt ein leichter Roller, der sich Solo nennt und als Einkaufs-Stadtroller konstruiert ist. Der Einstieg in die Mopedproduktion wird 1951 mit einem Fahrrad mit Hilfsmotor vorbereitet, und gleich 1953, im Moped-Startjahr, ist Doppelt mit von der Partie. Bis 1958 wird eine umfangreiche Palette von Mopeds produziert, die aber nicht nur unter der Bezeichnung Meister firmiert: Doppelt bedient sich zweier weiterer Motorradmarken, die vor dem Zweiten Weltkrieg hohes Ansehen genießen, danach aber nicht mehr selbst produzieren. So erscheinen bei den Meister-Werken alle Typen gleich dreimal: Als Meister, Mammut und Phänomen. Unterschiede sind nur äußerlich, also bei der Tankbemalung oder Schutzblechlinierung auszumachen und bei den jeweiligen Typenbezeichnungen. Nachdem Doppelt Anfang der sechziger Jahre aufgibt, übernimmt die Firma Schminke in Bad Wildungen die Bezeichnung Meister für ihre Fahrräder.

Meister-Fahrrad mit Hilfsmotor (38-ccm-Küchen)

Mammut-Bimbo

Meister-Junior, Mammut-Bimbo, Phänomen-Bobby

Die ersten Meister-Mopeds, die 1953 auf den Markt kommen und noch wie Fahrräder aussehen, sind mit dem Ilo-FP-50-Motor mit Einganggetriebe ausgerüstet. Der Stahlrohrrahmen wird ergänzt durch eine Hinterradgabel mit neuartigen Ausfallschuhen, die die Demontage erleichtern sollen. Die Meister-Silastic-Vordergabel mit 50-mm-Federweg ist durch die Verwendung von profiliertem Gummikörper wartungsfrei. Die Ballonräder sind noch 26 Zoll groß. Die Emaillierung ist tiefschwarz, der Tank, der recht groß wirkt, faßt nur 2,6 Liter. Vergaser und Luftfilter sind seitlich verkleidet. Die üblichen Dinge wie Gepäckträger, Werkzeugtasche, Abstellstütze, Luftpumpe, Signalglocke und elektrisches Rücklicht sind im Preis enthalten. Aufpreis wird fällig bei eingebautem Tacho, Wechselstromschnarre, Diebstahlsicherung und Sonderlackierung in Dunkelblau.

Meister Junior 1953

Motor:
Luftgekühlter Einzylinder-Zweitakt-JLO-Motor FP 50, Bohrung 38 mm, Hub 43 mm, Hubraum 49 ccm, Verdichtung 1:8,5, Leistung 1,5 PS bei 5200 U/min., Bing-Vergaser 1/11/1.

Elektrische Anlage:
Schwungrad-Lichtmagnetzünder 6 V, 16,5 W. Scheinwerfer, Rücklicht, elektr. Horn (Aufpreis).

Kraftübertragung:
Ein-Ganggetriebe, Stahllamellenkupplung, Rollenkette auf Hinterrad.

Fahrgestell:
Durchstiegfreier Stahlrohrrahmen, Vorderrad-Gummifedergabel, Hinterradgabel mit Ausfallschuhen.

Bremsen:
Vorn Innenbackenbremsen, hinten Freilaufbremsnabe.

Bereifung: 26×2,00.

Kraftstoffbehälter:
Inhalt 2,6 Ltr.

Kraftstoffnormverbrauch:
ca. 1,2 Ltr./100 km.

Steigfähigkeit (ohne Mittreten): ca. 10%.

Gewicht: 30 kg.

Preis: DM 535.—.

Mammut-Tourist

Meister-Saxoni, Mammut-Tourist, Phänomen-Fix

Die wie richtige Mopeds aussehenden Typen von 1954 sind mit dem Einzylinder-Zweitakt-Sachs-Motor mit Zweiganggetriebe ausgestattet. Bei dem Zentralrohrrahmen ist der jetzt typische Mopedtank nach vorn verlegt. Die Federung hat sich nicht geändert. Die Vergaserverkleidung ist zwar nicht schön, aber neu. Außer Schwarz und Dunkelblau ist bei diesen Modellen auch ein heller Grünton (gegen Aufpreis) lieferbar. 1955 wagt sich kurz eine weiterentwickelte Konstruktion ans Tageslicht, die die Verwendung verschiedener Motoren ermöglicht und das Sattelrohr zur Aufnahme des Werkzeuges ausgebildet hat. Produktionsreif ist diese Konstruktion allerdings erst in den nachfolgend aufgeführten Typen.

Meister M 45/3

Meister M 45/3, Mammut 245/3 K, Phänomen 67/3 K

Eine sehr gefällige, hübsche Mopedreihe ist den Meisterwerken mit ihren 55er Modellen gelungen. Die Gesamtform wirkt durch die auf 23 Zoll verkleinerten Reifen kompakter. Der Kettenschutz verdeckt auch den Vergaser und einen Teil des Zylinderkopfes. Die vorderen Schutzbleche sind mit schwungvoll geführten Seitenblechen verkleidet. Als Antrieb dient der schon zuvor erwähnte Sachs-Motor. Vorn ist eine Teleskopgabel eingebaut.

Meister M 45/3 — 1955

Motor: Einzylinder-Zweitakt Sachs, Bohrung 38, Hub 42, Verdichtung 1 : 6, Dauerleistung 1 PS bei 4000 U/min., Höchstdrehzahl 4100 U/min.

Vergaser: Bing 1/12/35 D 54 ND 2,10/NS 3.

Elektrische Anlage: Schwungradlichtmagnet 6 V 3 W, Kerze Bosch W 175 T 11, Gewinde M 14.

Getriebe und Antrieb: 2 Gänge, Handschaltung, Zweischeiben-Korklamellenkupplung, Sekundärkette 1/2 x 3/16, Abstufung 1 : 2,89 : 1,77.

Rahmen: Stahlrohrrahmen, Teleskopgabel oder Federgabel.

Bereifung: v. 23 x 2,00, h. 23 x 2,00, Reifendruck v. 1,1 — h. 1,2.

Bremsen: Innenbackenbr., 90 mm ø.

Tankinhalt: 5,5 Ltr., Reserve 1,5 Ltr., Gemisch 1 : 25.

Verbrauch: Normverbrauch 1,5 Ltr./100 km, Straßenverbrauch 1,5 Ltr./100 km.

Abmessungen: Länge 1770 mm, Breite 630 mm, Höhe 1050 mm, Radstand 1150 mm, Bodenfreiheit 100 mm, Gewicht 33 kg.

Preis: DM 569,50

Steuer: frei.

Versicherung: DM 6,— p. J.

Meister M 45 F, Mammut 245 F, Phänomen 67 F

„In seiner natürlichen Eleganz noch gefälliger als in der bildlichen Wiedergabe!" verspricht die Werbung der Meisterwerke den Interessenten der Mopeds von 1956, und in der Tat sind die Neuen bildschön. Die Zweifarbenlackierung in Cortinagrau/Rot (wie bei unserer Farbabbildung) ist wahlweise auch in Reseda/Creme oder Schwarz/Chrom zu bekommen. Aber das Wichtige an den „F"-Modellen ist die neue Hinterradschwinge mit Teleskop-Federbeinen. 1957 werden äußerliche Änderungen vollzogen: Die Seitenverkleidungen des vorderen Schutzbleches sind jetzt nüchtern gerade. Die Gabel ist gepreßt, und die vorher so schnittig wirkende Zylinderkopf-Kettenkasten-Verkleidung in einem Stück ist in zwei Teile aufgelöst.

Meister M 45 SL

Meister M 45 SL, Mammut 245 SL, Phänomen 67 SL

Die Krönung des Meister-Programms ist zweifellos der SL-Typ, der 1957 die Mopedszene bereichert. Die Super-Luxus präsentiert sich mit neuer Linie. Die Bauteile sind völlig abgedeckt, und die Karosserie ist auffallend glattflächig gestaltet. Selbstverständlich sind: Allrad-Schwingenfederung, dauerabgeblendeter 15-Watt-Scheinwerfer mit eingebautem Tacho, Vollnaben, Weißwandreifen, Schrader-Ventile zur Preßluftfüllung an Tankstellen und Chromfelgen. Nur zwei Flügelschrauben sind zu lösen, um das untere Verkleidungsteil zu entfernen. Ebenso einfach ist die Demontage des Oberteils. Als Lackierung wird nur Resedagrün/Creme angeboten.

Meister M 45 SL — 1957

Motor: Luftgekühlter Einzylinder-Zweitakt Sachs, Bohrung 38, Hub 42, Verdichtung 6 : 1, Dauerleistung 1,25 PS bei 4100 U/min., Höchstdrehzahl 5500 U/min.

Vergaser: Bing 1/12 HD 56, ND 1517, NS 2.

Elektrische Anlage: Schwungradlichtmagnet, 6 V 17 W, Kerze Bosch W 190 M 11 S, Gewinde M 14.

Getriebe und Antrieb: 2 Gänge, Drehgriffschaltung, Zweischeiben-Lamellenkupplung, Abstufung 1 : 26,7 : 15,4, Kraftübertragung durch Kette auf Hinterrad.

Rahmen: Vierkant-Stahlrohrrahmen, kurze Schwinge mit Gummi-Drehfedern vorne, Schwinge mit zentraler Druckfeder, hinten Steckachse.

Bereifung: v. 23 x 2,25, h. 23 x 2,25.

Bremsen: Vollnabenbremsen, Trommel ø ca. 90 mm.

Tankinhalt: 6,5 Ltr., Reserve 1 Ltr., Gemisch 1 : 25.

Verbrauch: Normverbrauch 1,3 Ltr./100 km.

Abmessungen: Bei Drucklegung nicht bekannt.

Preis: DM 715,—.

Steuer: frei.

Versicherung: DM 16,— p. J.

MIELE

Buttermaschinen, Milchzentrifugen, Waschmaschinen, Kastenwagen, Automobile, Elektromotoren, Melkmaschinen, Staubsauger, Geschirrspüler, Wäschetrockner, Bügeleisen, Milchkühlanlagen, Küchenmöbel, Herde, Luftreiniger und Müllpressen, wen wundert es da, daß Miele zwischendurch auch mal Fahrräder, Mopeds und Motorräder herstellt. Das kurz vor der Jahrhundertwende gegründete Unternehmen residiert in Gütersloh, beschäftigt heute rund 11.000 Mitarbeiter und erzielt einen Jahresumsatz von etwa 1,7 Milliarden DM.

Miele K 50

Mit einem Doppelrohrrahmen, Teleskop-Vordergabel, Innenbackenbremsen vorn und hinten ist das Miele-Moped ausgestattet, das 1954 erscheint. Der Zweigang-Sachs-Motor ist sehr tief angeordnet, was eine günstige Schwerpunktlage bewirkt. Der Preis von 598 DM schließt bei schwarzer Lackierung Chromfelgen mit ein. Bei Rotbraun oder Effektblau kosten die Chromfelgen 7,80 DM extra, für den Tacho muß man 22 DM zahlen.

Miele K 50

Miele K 50 — 1955

Motor: Einzylinder-Zweitakt, Bohrung 38, Hub 42, Verdichtung 1:6, Dauerleistung 1 PS bei 4000 U/min., Höchstdrehzahl 4100 U/min.

Vergaser: Bing 1/12/22 D 56/ND 2,10/NS 3.

Elektrische Anlage: Bosch-Schwungradlichtmagnet 6 V 3 W, Kerze Bosch W 240 T 11 S, Gewinde M 14.

Getriebe und Antrieb: 2 Gänge, Drehgriffschaltung, Zweischeiben-Korklamellenkupplung, Sekundärkette 1/2 x 3/16, Abstufung 1:2,89:1,77.

Rahmen: Spezial-Dreirohrrahmen, Teleskopgabel.

Bereifung: v. 23 x 2,00, h. 23 x 2,00, Reifendruck v. 1,1 — h. 1,2.

Bremsen: Innenbackenbr., 90 mm ø.

Tankinhalt: 6,5 Ltr., Reserve 1 Ltr., Gemisch 1:25.

Verbrauch: Normverbrauch 1,5 Ltr./100 km.

Abmessungen: Länge 1750 mm, Breite 640 mm, Höhe 920 mm, Radstand 1150 mm, Bodenfreiheit 140 mm, Gewicht 33 kg.

Preis: DM 598,—.

Steuer: frei.

Versicherung: DM 6,— p. J.

Miele 50 S

Mit Hinterradschwinge ist die 50 S gefedert, die 1956 bei Miele gebaut wird. Üppige, schmutzabhaltende Hinter- und Vorderradverkleidungen und ein geschlossener Kettenkasten sorgen für kompaktere Optik. Der eingebaute Tacho ist jetzt inklusive. Zur Sonderausstattung gehören Weißwandreifen und ein Dreiganggetriebe (30 DM).

Miele 50 S

Miele 50 S — 1956

Motor: Einzylinder-Zweitakt, Bohrung 38, Hub 42, Verdichtung 1:6, Dauerleistung 1 PS bei 4000 U/min., Höchstdrehzahl 4100 U/min.

Vergaser: Bing 1/12/22 D 56/ND 2,10/NS 3.

Elektrische Anlage: Bosch-Schwungradlichtmagnet 6 V 17 W, Kerze Bosch W 175 T 11, Gewinde M 14.

Getriebe und Antrieb: 2 Gänge, Drehgriffschaltung, Zweischeiben-Korklamellenkupplung, Sekundärkette 1/2 x 3/16, Abstufung 1:2,89:1,77.

Rahmen: Spezial-Dreirohrrahmen, Teleskopgabel, Schwinge mit Federbeinen hinten.

Bereifung: v. 23 x 2,00, h. 23 x 2,00, Reifendruck v. 1,8 — h. 2,25.

Bremsen: Innenbackenbr., 90 mm ø.

Tankinhalt: 6,5 Ltr., Reserve 0,7 Ltr., Gemisch 1:25.

Verbrauch: Normverbrauch 1,5 Ltr./100 km.

Abmessungen: Länge 1750 mm, Breite 620 mm, Höhe 920 mm, Radstand 1150 mm, Bodenfreiheit 140 mm, Gewicht 38 kg.

Preis: DM 655,—.

Steuer: frei.

Versicherung: DM 16,— p. J.

Miele K 51

Moped-Roller nennen die Miele-Leute ihr neues Gefährt, das eine freitragende und leicht abnehmbare Verkleidungshaube trägt. Erstaunlich ist für ein solch umfangreich verkleidetes Moped der sehr tiefe Durchstieg. Unter dem zweifarbigen Schaumgummisitzkissen ist das Werkzeug versteckt. Der Oval-Zweirohrrahmen wird ergänzt durch eine Teleskopgabel mit großem Federweg. Die Einheitslackierung ist pappelgrau/grün.

Miele K 51

Miele K 51 1957

Motor: F&S-Zweitakt, Bohrung 38, Hub 42, Verdichtung 1:6, Dauerleistung 1,25 PS bei 4100 U/min., Höchstdrehzahl 5500 U/min.

Vergaser: Bing 1/12/22 D 56/ND 2,10/ NS 3.

Elektrische Anlage: Bosch-Schwungradlichtmagnet 6 V 17 W, Kerze Bosch W 240 T 11 S, Gewinde M 14.

Getriebe und Antrieb: 2 Gänge, Drehgriffschaltung, Zweischeiben-Korklamellenkupplung, Sekundärkette 1/2 x 3/16, Abstufung 1:2,89:1,77.

Rahmen: Ovalrohrrahmen m. Hinterrad-Teleskopfederung, Teleskopgabel, vollverkleidende, selbsttragende Sitzhaube.

Bereifung: v. 23 x 2,00, h. 23 x 2,00, Reifendruck v. 1,8 — h. 2,25.

Bremsen: Innenbackenbr., 90 mm ø.

Tankinhalt: 5,7 Ltr., Reserve 0,7 Ltr., Gemisch 1:25.

Verbrauch: Normverbrauch 1,3 Ltr./ 100 km.

Abmessungen: Länge 1750 mm, Breite 620 mm, Höhe 1000 mm, Radstand 1150 mm, Bodenfreiheit 130 mm, Gewicht 45 kg.

Preis: DM 655,—.

Steuer: frei.

Versicherung: DM 16,— p. J.

Miele K 52 / K 52 Sport

Von 1958 bis 1961 werden beide Ausführungen gebaut. Der bisher verwendete Rohrrahmen wird von dem sogenannten Schalenrahmen abgelöst, einer Ausführung, bei der gepreßte Blechteile mittels elektrischer Schweißung zu einem tragenden, leichten und sehr stabilen Rahmenkörper verbunden werden. Die Motorabdeckschalen sind leicht abnehmbar, der Rohrlenker ist allseitig verstellbar und der moderne, eingebaute Oval-Scheinwerfer verfügt über einen Lichtschalter mit Zündunterbrechung. Der Sachs-Motor ist auf Wunsch mit Dreiganggetriebe erhältlich. Die Sportausführung, mit zweifarbiger Dreiviertelsitzbank ausgestattet, verfügt über einen verchromten Vorderradschwingenbügel und Weißwandbereifung als Serienausstattung. Die K 52 ist zweifarbig pappelgrau/grün und einfarbig effekt-mittelblau oder rotbraun erhältlich. Auf Wunsch ist auch schwarz möglich. Die K 52 Sport gibt es nur zweifarbig kabriograu/delphinblau.

Miele K 52 Sport

Miele K 52/2

Die K 52/2 ist das zweisitzige Gegenstück zur K 52 Sport. Sie wird serienmäßig mit dem Dreiganggetriebe geliefert. Als Lackierung stehen drei verschiedene Zweifarbmöglichkeiten zur Wahl: grau/delphinblau, feuerrot/schwarz oder sanddünenbeige/korallenrot. 1961 kommt noch die K 53 auf den Markt, ein Leichtkraftrad mit drei Gängen, 3,2 PS und einem Anschaffungspreis von 948 DM.

Miele K 52

Miele K 52 1958

Motor: F&S-Zweitakt, Bohrung 38 mm, Hub 42 mm, Verdichtung 1 : 6, Dauerleistung 1,25 PS bei 4100 U/min, Höchstdrehzahl 5500 U/min.

Vergaser: Bing 1/12/22 D 56/ND 2,10/ NS 3.

Elektrische Anlage: Bosch-Schwungradlichtmagnet 6 V 17 W, Kerze Bosch W 190 M 11 S, Gewinde M 14.

Getriebe und Antrieb: 2 Gänge, Drehgriffschaltung, Zweischeiben-Korklamellenkupplung, Sekundärkette 1/2x3/16, Abstufung 1:2,89:1,77.

Rahmen: Preßschalen-Rahmen, Langarmschwinge mit Federbeinen vorne, Schwinge mit Federbeinen hinten.

Bereifung: v. 23 x 2,25, h. 23 x 2,25, Reifendruck v. 1,8, h. 2,25.

Bremsen: Innenbackenbr., 90 mm ⌀.

Tankinhalt: 7 l, Reserve 0,7 l, Gemisch 1 : 25.

Verbrauch: Normverbrauch 1,3 l/ 100 km.

Abmessungen: Länge 1750 mm, Breite 600 mm, Höhe 1000 mm, Radstand 1150 mm, Bodenfreiheit 130 mm, Gewicht 45 kg.

Preis: DM 735,—, 3-Gang-Motor DM 30,— Aufpreis.

Steuer: frei.

Versicherung: DM 16,— p. J.

Miele K 52/2 1960

Motor: F&S-Zweitakt, Bohrung 38 mm, Hub 42 mm, Verdichtung 1:6, Dauerleistung 1,6 PS bei 5000 U/ min, Höchstdrehzahl 5500 U/min.

Vergaser: Bing 1/12.

Elektrische Anlage: Bosch-Schwungradlichtmagnet 6 V 17 W, Zündkerze Bosch W 190 M 11 S, Gewinde M 14.

Getriebe und Antrieb: 3 Gänge, Drehgriffschaltung, Zweischeiben-Korklamellenkupplung.

Fahrwerk: Preßschalen-Rahmen, Langarmschwinge mit Federbeinen vorne, Schwinge mit Federbeinen hinten.

Bereifung: v. 23-2,50, h. 23-2,50.

Bremsen: Innenbackenbremse, 120 mm ⌀.

Tankinhalt: 7 l, Reserve 0,7 l, Gemisch 1:25.

Verbrauch: Normverbrauch 1,3 l/ 100 km.

Abmessungen: Länge 1750 mm, Breite 600 mm, Höhe 1000 mm, Radstand 1150 mm, Bodenfreiheit 130 mm, Gewicht 45 kg.

Preis: DM 865,—.

Steuer: frei.

Versicherung: DM 20,—.

Miele K 52 Sport

Miele K 52/2

NECKERMANN

Mopeds per Versand: Neckermann macht's möglich! Drei Modelle werden 1956 per Katalog angeboten. „Verkauf über den kürzesten Weg" ist die Devise der Frankfurter Versender, der Großhandel werde bei ihnen ausgeschaltet, was für den Neckermann-Kunden eine günstige Preisgestaltung zur Folge habe. In der eigenen Wohnung könne man ganz in Ruhe das richtige Fahrzeug auswählen, das entsprechende Zubehör gleich mit, und eine Garantiekarte, die bei Lieferung des Mopeds geschickt werde, sichere sogar für die Dauer eines halben Jahres Inspektion und Kundendienst. Dieser werde von dem weitverzweigten Ilo-Kundendienst durchgeführt.

Necko 100 (399 DM), Necko 200 (450 DM) und Necko-Luxus (499 DM) sind die Bezeichnungen der Mopeds. Als Antriebsquelle wird der Ilo-Eingangmotor für die Necko 100 verwendet, die beiden anderen Mopeds besitzen den Ilo-Piano mit Zweiganggetriebe. Konstruktion, Fahrwerk und Rahmen stammen von den Geier-Werken. Alle drei Fahrzeuge sind mit einer Vorderradschwinggabel mit Gummidruck-Federelementen ausgerüstet, die einen Federweg von 40 bis 50 mm besitzen. Die Necko-Luxus ist mit einem Vollschwingrahmen ausgestattet, also mit zusätzlicher Hinterradschwinge, deren Gesamtfederweg 50 bis 60 mm beträgt. Der Rahmen besteht aus Doppelovalrohr und ist nach oben von einem 5,4-Liter-Tank und einer Kunststoffabdeckung geschlossen. Der Werkzeugbehälter ist unter dem Sattel angeordnet. Lackierung: zweifarbig silbergrau/blau.

Necko Luxus

Neckermann Necko Luxus 1956

Motor: Luftgekühlter Einzylinder-Zweitakt, Bohrung 38, Hub 43, Verdichtung 1:6,5, Dauerleistung 1,25 PS bei 5250 U/min., Höchstdrehzahl 5400 U/min.

Vergaser: Bing 1/10/43 bzw. Pallas P 10/1 mit Ansauggeräuschdämpfer.

Elektrische Anlage: Schwungradlichtmagnetzünder 6 V 17 W, Kerze 225/14 u 2, Gewinde M 14.

Getriebe u. Antrieb: 2 Gänge, Mehrscheibenkupplung im Ölbad, Primärantrieb durch Synchroflex-Präzisionszahnriemen, Sekundärkette 1/2 x 3/16, Abstufung 1:11,3:6,8, Kraftübertragung durch Kette auf Hinterrad.

Rahmen: Verwindungsfreier Doppelrohrrahmen, dröhnfreie Motorabdekkung, kurze Vorderradschwinge, Langarmschwinge hinten, Gummifederelemente vorn und hinten.

Bereifung: 23".

Bremsen: Innenbackenbr., Trommel 100 mm ø.

Tankinhalt: 5,4 Ltr.

Verbrauch: Normverbrauch 1,5 Ltr./100 km, Gemisch 1:25.

Preis: DM 499,—.

Steuer: frei.

Versicherung: DM 16,— p. J.

Necko 100

Necko 200

„Ich hole nur schnell meinen Soziussitz"

NSU

Die Geschichte der berühmten NSU-Werke beginnt 1880 mit einer Strickmaschinenfabrik, die von Christian Schmidt in Neckarsulm gegründet wird. 1886 wird die Produktion umgestellt: Ab jetzt werden Fahrräder gebaut, zur Jahrhundertwende auch Motorräder, und die ersten NSU-Automobile erscheinen 1906. Nach dem ersten Weltkrieg beginnt ein Produktionsboom, der bis in den zweiten Weltkrieg fast ununterbrochen anhält. Das Motorrad NSU 500 SS erwirbt Ende der zwanziger Jahre hohes Ansehen. 1931 erscheint das erste Hilfsmotorfahrrad „Motosulm" mit 60-ccm-Zweitaktmotor. Die NSU-Quick, die 1936 auf den Markt kommt und auch nach dem zweiten Weltkrieg bis 1953 weitergebaut wird, ist eines der erfolgreichsten Motorräder der Welt.

Quickly

Deutschlands erfolgreichstes Moped erscheint gleich zu Beginn des bundesdeutschen Mopedstarts 1953. Was die NSU-Konstrukteure ins Rennen schicken, kann sich sehen lassen: Der konstruktive Aufbau folgt der von der NSU-Fox eingeleiteten modernen NSU-Linie mit einem formschönen, aus gepreßten Schalenprofilen zusammengeschweißten Stahlblechbrückenrahmen und der auch bei den größeren Modellen bewährten Schwinghebelgabel für das Vorderrad. Die Bremsen sind als Innenbackenbremsen mit Steckachsen ausgebildet. Der nach modernsten Gesichtspunkten entwickelte Quickly-Motor hat einen Hubraum von 49 ccm. Der Leichtmetallzylinder mit hartverchromter Lauffläche verfügt über einen abnehmbaren Leichtmetallzylinderkopf. Von der kräftigen Kurbelwelle, auf der die Mehrscheibenkupplung sitzt, wird das Zweigang-Zahngetriebe über ge-

Unrestaurierte Quickly 1982 im Straßenverkehr

Schönheitsköniginnen

räuscharm laufende Stirnräder angetrieben. Die Gänge werden über eine Lenkerschaltung geschaltet, die sich nur bei gezogener Kupplung betätigen läßt und damit Bedienungsfehler ausschließt. Im Motorblock sind die Tretkurbeln auf einer besonderen Vorgelegewelle so angeordnet, daß der Motor im Stand angetreten werden kann, während beim Zurücktreten die Hinderradbremse über die einzige Kette betätigt wird.

Aufbau und Einzelteile des Quickly-Motors

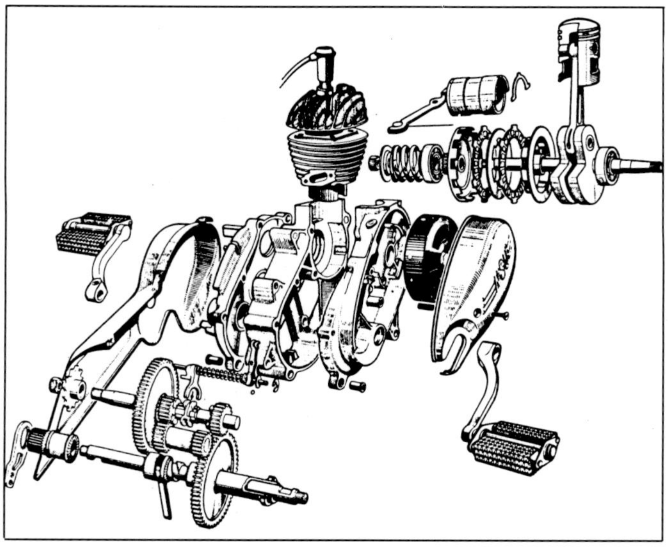

Weil 1955/56 die Varianten „S" und „L" auf den Markt kommen, nennt sich die Normalausführung jetzt Quickly-N, die ab Ende 1957 auch mit drei Gängen lieferbar ist und inzwischen auf 600.000 verkaufte Exemplare verweisen kann. Das Dreiganggetriebe kostet 30 DM mehr, und die Übersetzungsverhältnisse betragen im ersten Gang 1:2,44, im zweiten 1:1,56 und im dritten 1:1,0. Die Gesamtübersetzung beträgt im ersten Gang 1:39,2, im zweiten 1:25,0 und im dritten 1:15,99. Aus dieser Getriebeabstufung ergibt sich bei einer Belastung von einem Fahrer mit 60 kg Gewicht eine Bergsteigetüchtigkeit von 22% im ersten Gang, 12,5% im zweiten und 6,5% im dritten.

NSU-Quickly im Polizeieinsatz

Quickly mit dem englischen Rennfahrer Tim Wood in London

Prominente machen Reklame für die Quickly. Gunther Philipp

Was macht den ungewöhnlichen Erfolg der Quickly aus, warum ist sie so überaus beliebt? Durch die großen Motorraderfolge, schon lange vor dem zweiten Weltkrieg, sind die NSU-Werke bei Beginn der Mopedproduktion längst populär, kompetent und solide. NSU gilt als die größte Motorradfabrik der Welt, stellt Motor und Fahrgestell selbst her und verfügt über ein dichtes Servicenetz mit über 7.000 Vertretungen allein in der Bundesrepublik. Der Motor zeigt kaum Verschleißerscheinungen, läuft jahrelang ohne Reparaturen. Die finanzstarken NSU-Werke können sich eine wirksame Werbung und entsprechende Pressearbeit leisten. Prominente machen Reklame, lassen sich öffentlich auf der Quickly ablichten. Die Anschaffung fällt leicht: Die Quickly kostet komplett mit Gepäckträger und eingebautem Sicherheitsschloß 540 DM (1954/55). Mit 145 DM Anzahlung kann man mit der Quickly ohne Führerschein, Steuer und Zulassung sofort losfahren.

Die Quickly-N wird bis 1962 ohne wesentliche Änderungen gebaut, wenn man davon absieht, daß das Tankvolumen von 3 auf 4,45 Liter vergrößert wird. Allerdings schwanken die Preise. Es beginnt 1953 bei 525 DM, 1954 steigt der Preis auf 540 DM und fällt 1956 auf 465 DM ab (konjunkturbedingt). 1958 kostet die Quickly bereits wieder 514 DM, 1960 sind 548 DM fällig, und 1962 muß man 583 DM ausgeben, um zu denen zu gehören, die von sich sagen können: „Wohl dem, der eine Quickly hat."

NSU Quickly 1955

Motor: NSU-Einzylinder-Zweitakt, Bohrung 40, Hub 39, 49 ccm, Verdichtung 1:5,5, Dauerleistung 1,4 PS bei 5000 U/min., Höchstdrehzahl 5200 U/min., höchstes Drehmoment 0,253 mkg bei 3000 U/min.

Vergaser: Bing 1/9/1, Einstellung 56/2, 1/2 x auf.

Elektrische Anlage: Schwunglichtmagnetzünder 6 V 3 W, Kerze (Wärmewert) Bosch W 240 T 11, Gewinde M 14.

Getriebe und Antrieb: 2 Gänge, Lenkerschaltung, Zweischeibentrockenkupplung, Sekundärkette Einfachrollenkette 1x12, 7x4, 88 Din 8180, 112 Glieder, Abstufung 1,88:1, Übersetzung gr. Gang 15,99, ca. 40 km/h.

Rahmen: Blechpreßrahmen, Blechpreßgabel mit Schwinghebel, Steckachse vorne und hinten.

Bereifung: v. 26x2,00, h. 26x2,00, Reifendruck v. 1,5 — h. 1,75.

Bremsen: Innenbackenbr., 90 mm ø.

Tankinhalt: 3 Ltr., Reserve 0,4 Ltr., Mischverhältnis 1:25.

Verbrauch: Bei 40 = 1,3 Ltr./100 km.

Abmessung: Gesamtlänge 1895 mm, Breite 642 mm, Höhe 960 mm, Radstand 1183 mm, Sattelhöhe 780 mm, Fußrasten Außenweite 455 mm, Bodenfreiheit 125 mm.

Preis: DM 540,—.

Steuer: frei.

Versicherung: DM 6,— p. J.

Quickly-S

Keine gravierenden Neuerungen, nur einige Detailverbesserungen hat die Quickly-S zu bieten, die 1955 auf den Markt kommt: Tachometer im Scheinwerfergehäuse, Seitenblenden am Vorder- und Hinterradschutzblech, verchromte Felgen, und die Lackierung ist zweifarbig grau/blau. Eine wirkungsvolle Schmutzschutzverkleidung kann man jetzt zusätzlich bekommen, die jeder NSU-Händler auch bei der N-Type nachträglich montieren kann. Diese Verkleidung ist gut durchdacht und solide konstruiert. Der kühlende Fahrtwind wird zwar von den Beinen des Fahrers bzw. der Fahrerin (die dies noch mehr schätzt) ferngehalten, nicht aber vom Motor. Außerdem schützt die Verkleidung natürlich vor Straßendreck und kleinen Steinchen. Ein wichtiger Faktor, wenn man bedenkt, daß in den fünfziger Jahren die Straßen noch längst nicht so gut ausgebaut sind wie heute und die Mopedfahrer häufig mit Schotterwegen vorlieb nehmen müssen. Daß die Lackierung der Verkleidung genau auf die Quickly-Farbe abgestimmt ist, bestens paßt und nicht klappert, ist bei NSU selbstverständlich. Wie die Normalausführung, wird auch die S-Type bis 1962 gebaut.

NSU Quickly S — 1956

Motor: NSU - Einzylinder - Zweitakt, Bohrung 40, Hub 39, 49 ccm, Verdichtung 1 : 5,5, Dauerleistung 1,3 PS bei 5000 U/min., Höchstdrehzahl 5200 U/min., höchstes Drehmoment 0,253 mkg bei 3000 U/min.

Vergaser: Bing 1/9/1, Einstellung 56/2, 1/2 x auf.

Elektrische Anlage: Schwunglichtmagnetzünder 6 V 17 W, Kerze (Wärmewert) Bosch W 240 T 11, Gewinde M 14.

Getriebe und Antrieb: 2 Gänge, Lenkerschaltung, Zweischeibentrockenkupplung, Sekundärkette Einfachrollenkette 1 x 12, 7 x 4, 88 Din 8180, 112, Glieder, Abstufung 1,88 : 1, Übersetzung gr. Gang 15,99, ca. 40 km/h.

Rahmen: Blechpreßrahmen, Blechpreßgabel mit Schwinghebel, Steckachse vorne und hinten. Chromfelgen, zweifarbige Lackierung.

Bereifung: v. 26 x 2,00, h. 26 x 2,00, Reifendruck v. 1,5 — h. 1,75.

Bremsen: Innenbackenbr., 90 mm ø.

Tankinhalt: 4,45 Ltr., Reserve 0,45 Ltr., Mischverhältnis 1 : 25.

Verbrauch: Bei 40 = 1,3 Ltr./100 km.

Abmessungen: Gesamtlänge 1895 mm, Breite 642 mm, Höhe 960 mm, Radstand 1183 mm, Sattelhöhe 780 mm, Fußrasten Außenweite 455 mm, Bodenfreiheit 125 mm.

Preis: DM 515,—. Beinschild DM 39,—.

Steuer: frei.

Versicherung: DM 16,— p. J.

NSU Quickly S/2 — 1961

Motor: Einzylinder-Zweitakt NSU, Bohrung 40 mm, Hub 39 mm, Hubraum: 49 ccm, Verdichtung 1:5,5, Dauerleistung 1,7 PS bei 5000 U/min. Höchstdrehzahl 5200 U/min, max. Drehmoment 0,29/3600 U/min.

Vergaser: Bing 1/9/22, Einstellung 54/2, 1/2 x auf.

Elektrische Anlage: Schwunglichtmagnetzünder, 6 V, 17 W, Zündkerze Bosch W 190 M 11 S, Beru 240/14.

Getriebe und Antrieb: Dreiganggetriebe mit Drehgriffschaltung, Zweischeibentrockenkupplung, Sekundärkette, Einfachrollenkette, 1 x 12,7 x 4,88 DIN 81,80, 112 Glieder, Abstufung 1,88:1, Übersetzung gr. Gang 15,99 ca. 40 km/h.

Fahrwerk: Zentralpreßrahmen, vorne Schwingachse, Steckachse vorn und hinten, umklappbare Fußrasten für Sozia.

Bereifung: v. 26-2,00, h. 25-2,25.

Bremsen: Vollnaben-Innenbackenbremsen.

Tankinhalt: 4,45 l, Reserve 0,45 l. Mischverhältnis 1:25.

Verbrauch: Bei 40 = 1,3 l/100 km.

Abmessungen: Länge: 1910 mm, Breite: 630 mm, Höhe: 1000 mm. Radstand: 1183 mm, Gewicht: 50 kg, zul. Gesamtgewicht: 220 kg.

Preis: DM 678,—.

Steuer: frei.

Versicherung: 20,— DM.

Quickly mit Beinschutz

Die Quickly-Rahmen werden im Tauchverfahren lackiert

Quickly-L

L heißt Luxus, und der wird bei der von 1956 bis 1961 produzierten Sonderausgabe der Quickly reichlich geboten, ohne daß auf die vielen guten Merkmale, die sich mittlerweile bestens bewährt haben, verzichtet wird. Zunächst die Neuerungen: Die Schwinggabel der Hinterradfederung verfügt jetzt über einen Federweg von 40 mm. Vorn und hinten ist die Quickly-L verkleidet, was nicht nur elegant aussieht, sondern auch praktischen Nutzen bringt: Das weit herabgezogene Vorderradschutzblech hindert den Reifen daran, sich als Dreckschleuder zu betätigen. Die Hinterradverkleidung ist eigentlich kein Schutzblech mehr, sondern eine fast das halbe Rad umfassende Karosserie, die sich nach oben in einen Gepäckträger verbreitert. Selbstverständlich ist sie zum Putzen abnehmbar. Der neue Profil-Preßlenker bietet eine Dreierlösung: Scheinwerfer, Lenker und Tacho (mit Kilometerzähler) sind in einer Einheit zusammengefaßt. Auch die Klingel ist in den Lenker eingebaut. Bowdenzüge und Kabel sind „eingepackt" und so vor Nässe und „Bubenfingern" geschützt. Zum leichten Starten ist ein Dekompressionshebel vorhanden, und daß die Quickly wie ein richtiges Motorrad im Stand angetreten wird, ist bekannt. Außer der Seitenstütze ist bei der L-Type noch ein Mittelständer angebracht, der die Behebung einer Reifenpanne problemlos ermöglicht. Serienmäßig gibt es Weißwandreifen, und bei der Zweifarbenlackierung kann man zwischen lidoblau/perlgrau, korallenrot/walgrau und virginiabraun/isarsand wählen. Der Preis beträgt zunächst 595 DM und steigt 1958 auf 648 DM an, wobei für das Beinschild 45 DM und für den 3. Gang 30 DM zusätzlich zu zahlen sind. Für die Versicherung muß man übrigens 16 DM pro Jahr aufwenden.

NSU Quickly L — 1957

Motor: Einzylinder-Zweitakt NSU, Bohrung 40, Hub 39, 49 ccm, Verdichtung 1 : 5,5, Dauerleistung 1,3 PS bei 5000 U/min., Höchstdrehzahl 5200 U/min., höchstes Drehmoment 0,253 mkg bei 3000 U/min.

Vergaser: Bing 1/9/16, Einstellung 54/2, 1/2 x auf.

Elektrische Anlage: Schwunglichtmagnetzünder 6 V 17 W, Kerze Bosch W 190 M 11 S, Gewinde M 14.

Getriebe und Antrieb: 2 Gänge, Lenkerschaltung, Zweischeibentrockenkupplung, Sekundärkette Einfachrollenkette 1 x 12, 7 x 4, 88 Din 8180, 112 Glieder, Abstufung 1,88 :1, Übersetzung gr. Gang 15,99, ca. 40 km/h.

Rahmen: Zentralpreßrahmen, Hinterradschwinge mit 40 mm Federweg, Blechpreßgabel mit Schwinghebel, Steckachse vorne und hinten. Chromfelgen, zweifarbige Lackierung. Preßblechlenker mit eingebautem Scheinwerfer.

Bereifung: v. 26 x 2,00, h. 26 x 2,00, Reifendruck v. 1,5 — h. 1,75.

Bremsen: Innenbackenbr., 90 mm ø.

Tankinhalt: 4,45 Ltr., Reserve 0,45 Ltr., Mischverhältnis 1 : 25.

Verbrauch: Bei 40 = 1,3 Ltr./100 km.

Abmessung: Gesamtlänge 1900 mm, Breite 670 mm, Höhe 990 mm, Radstand 1190 mm, Bodenfreiheit 150 mm.

Preis: DM 595,—.
Beinschild DM 39,—.

Steuer: frei.

Versicherung: DM 16,— p. J.

Quickly-L

Quickly-L

Hinterradfederung der Quickly-L

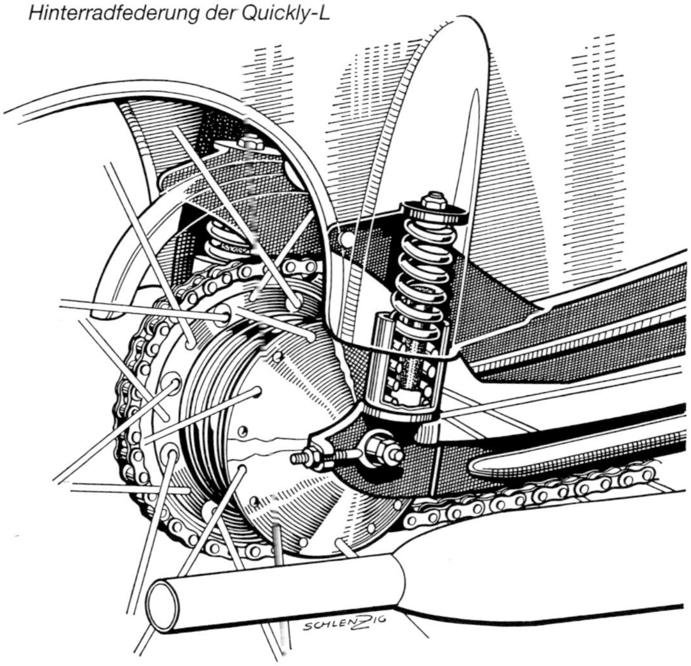

Der Lenker der Quickly-L

Sport-Quickly Cavallino

Wegen großen Interesses an Sportmopeds entschließt sich auch NSU zur Produktion eines solchen Gefährts und präsentiert 1957 die Cavallino. Den Namen haben die Neckarsulmer aus dem Italienischen entliehen: Cavallino heißt dort Pferdchen. Außerdem gibt es an der Adria noch einen kleinen Ort dieses Namens. Die neue Sport-Quickly unterscheidet sich von den übrigen Modellen dieser Baureihe vor allem durch ein neues Fahrwerk, das es gestattet, den 10,8-Liter-Tank hochzulegen, um Knieschluß zu erreichen. Die Abfederung des Vorderrades geschieht durch eine langhubige Teleskopgabel, und hinten fangen zwei stämmige Federbeine die Unebenheiten der Landstraßen oder Sportpisten ab. Die Sitzbank ist mit echtem Schrumpfleder bezogen und die Farbe selbstverständlich in obligatorischem Sportrot gehalten. Der unempfindliche Quickly-Motor mit Dreiganggetriebe wird auch bei der Cavallino mit der patentierten „beruhigten Luft" gespeist und ist zu der erlaubten Höchstgeschwindigkeit von 40 km/h fähig. Die Cavallino wird bis 1960 gebaut und erreicht eine Stückzahl von 21.584. Insgesamt werden von den bisher beschriebenen Quickly-Modellen einschließlich der noch von 1962 bis 1963 gebauten N 23 knapp eine Million Stück gebaut: Quickly, das erfolgreichste Moped!

Quickly-Cavallino

NSU Cavallino 1958

Motor: Einzylinder - Zweitakt - NSU, Bohrung 40 mm, Hub 39 mm, Verdichtung 1:5,5, Dauerleistung 1,3 PS bei 5000 U/min, Höchstdrehzahl 5200 U/min, höchstes Drehmoment 0,253 mkg bei 3000 U/min.

Vergaser: Bing 1/9/23, Einstellung 58/2 1/2mal offen.

Elektrische Anlage: Schwunglicht-Magnetzünder 6 V, 17 W, Kerze Bosch W 190 M 11 S.

Getriebe und Antrieb: 3 Gänge, Drehgriffschaltung, 2-Scheiben-Trokkenkupplung, Übersetzung der Gänge 1:36,805:23,576:15,084.

Rahmen: Rohrrahmen, Teleskopgabel, Schwinge mit Federbeinen hinten.

Bereifung: v. 23 x 2,25, h. 23 x 2,25.

Bremsen: Innenbackenbr., Trommel ⌀ 102 mm.

Tankinhalt: 10,8 l, Reserve 0,9 l.

Verbrauch: bei 40 km/h, 1,3 l/100 km, Gemisch 1 : 25.

Abmessungen: Länge 1780 mm, Breite 500 mm, Höhe 870 mm, Radstand 1140 mm, Sattelhöhe 750 mm, Leergewicht 56 kg.

Preis: DM 734,—.

Steuer: frei.

Versicherung: DM 16,— p. J.

NSU Quickly T 1961

Motor: Gebläsegekühlter NSU-Zweitakt-Einzylindermotor, Bohrung 40 mm, Hub 39 mm, Verdichtung 6,5:1, Leistung 1,7 PS.

Vergaser: Bing-Start-Vergaser 1/12.

Elektrische Anlage: Bosch Schwungradmagnet, Zündkerze Bosch W 190, Champion L 86, Beru 240/14.

Getriebe: Drehgriffgeschaltetes Dreiganggetriebe, Zweischeiben-Trockenkupplung. Zahnradübertragung vom Motor zum Getriebe.

Fahrwerk: Zentralrohrrahmen, Langarmschwinge vorn, Triebsatzschwinge hinten. Federweg vorn: 82 mm, hinten 90 mm.

Bereifung: v. 23-2,25, h. 23-2,5.

Bremsen: Pränafa Alu-Vollnaben, 125 mm Trommel ⌀, Belagbreite 20 mm.

Tankinhalt: 5,4 l, dav. 1,2 l Reserve.

Verbrauch: 1,8 l/100 km.

Abmessungen: Größte Länge: 1830 mm, Breite 620 mm, Höhe 910 mm.

Preis: DM 838,—.

Steuer: frei.

Versicherung: DM 20,—.

NSU-Quickly-T mit Doppelsitzbank

Quickly-T

Mit den T-Modellen beginnt bei NSU eine neue Modellreihe. Während die vielen kleinen Mopedhersteller wegen des allgemeinen Absatzrückganges längst aufgeben mußten, setzt NSU mit den neuen Modellen neue Maßstäbe. Selbstverständlich hat man sich auch in Neckarsulm an Umsatzrückgänge gewöhnen müssen, und die Motorradproduktion ist zugunsten der Automobilherstellung bereits aufgegeben worden. Die Quicklys jedoch laufen (im wahrsten Sinne des Wortes) nach wie vor, und mit den neuen, herrlich schnittigen T-Modellen kommt wieder Bewegung in die Branche. Aufwendig gestylt, dem Geschmack der späten fünfziger Jahre – man erinnere sich an die amerikanischen Straßenkreuzer mit Heckflossen und viel Chrom – angepaßt, bereichert diese Mopedgeneration das Straßenbild. Die tolle Ausstattung schlägt sich natürlich im Anschaffungspreis nieder, und bei 800 bis 900 DM sind die T-Typen keine reinen Gebrauchsfahrzeuge mehr; sie werden von Söhnen, seltener von Töchtern wohlhabender Eltern als Hobbyfahrzeug angeschafft oder von sportlich ambitionierten Fahrern bevorzugt, die kein Motorrad fahren möchten. Die Quickly-T erscheint Anfang 1959 und wird bis 1963 gebaut. Sie hat vorn und hinten Langarmschwingen, die zusammen mit den Federbeinen und vier hydraulischen Stoßdämpfern einen Fahrkomfort ergeben, wie man ihn bisher bei Mopeds nicht gekannt hat. Der Federweg beträgt vorn 82 mm und hinten 90 mm. Die Motorleistung ist auf 1,7 PS heraufgesetzt, so daß auch mit zwei Personen 40 km/h erreicht werden können. Der Motor hat sich nicht verändert, außer daß er mit Rücksicht auf die Karosserie mit einer Gebläsekühlung ausgestattet ist. Die Luft holt sich der Motor aus dem staubfreien Bereich unter dem Fahrersitz. Aufgehängt ist der Motor in einer Triebsatzschwinge, so daß er federnd mitschwingt. Die Quickly-T ist für Soziusbetrieb gebaut, und die Belastung von zwei Personen wird von dem kräftigen Fahrgestell spielend gemeistert.

Quickly-T

Quickly-TT und TTK

Das TT-Modell wird ebenfalls von 1959 bis 1963 gebaut und der Typ TTK (Kickstarter) von 1960 bis 1961. Beide Modelle sind die sportliche Ausgabe der Quickly-T. Der Kraftstofftank befindet sich hier zwischen den Knien des Fahrers: wie bei einem Motorrad und wie schon bei der Cavallino. Der Lenker ist sportlich kurz gehalten, der Motor leistet ebenfalls 1,7 PS, und dank des Dreiradgetriebes kann die sportlich-rote Quickly-TT flott starten. Von den T-Modellen werden insgesamt 74.757 Stück gebaut, wobei etwa die Hälfte davon auf die TT-Typen entfällt.

Wer sich Anfang der sechziger Jahre für ein sportliches Moped entscheidet, will bei aller Sportlichkeit auf die Merkmale einer Luxusmaschine nicht verzichten. NSU hat den Sporttyp Quickly-TT aus der Quickly-T, der „Traumquickly", entwickelt. Alle Vorzüge des Fahrgestells, der millionenfach bewährte Quickly-Motor und das Dreiganggetriebe sind Bauelemente der Quickly-TT. Ein Sporttank für 11,8 Liter Kraftstoff, große Federwege, rasantes Anzugsvermögen, der echte Motorradrahmen und die Zweckbauweise, die alle Teile sofort zugänglich macht, sind die hervorstechenden Merkmale dieser Maschine.

Quickly-TT

NSU Quickly TT — 1960

Motor: Luftgekühlter NSU-Einzylinder-Zweitaktmotor, Bohrung 40 mm, Hub 39 mm, Verdichtung 6,8:1, Leistung 1,7 PS.

Vergaser: Bing Start-Vergaser 1/9.

Elektrische Anlage: Schwungradmagnet 15 W, Zündkerze Bosch W 190, Champion L 86.

Getriebe: Drehgriffgeschaltetes Dreigganggetriebe mit Zweischeiben-Trockenkupplung.

Fahrwerk: Zentralrohrrahmen, Langarmschwinge vorn, Triebsatzschwinge hinten. Sämtliche Federbeine hydraulisch gedämpft. Federweg vorn 82 mm, hinten 90 mm.

Bereifung: v. 23-2,25, h. 23-2,5.

Bremsen: Pränafa Alu-Vollnaben, 125 mm ⌀, Belagbreite 20 mm.

Tankinhalt: 11,8 l.

Verbrauch: ca. 1,8 l/100 km.

Abmessungen: Größte Länge 1800 mm, Breite 550 mm, Höhe 870 mm, Zulässiges Gesamtgewicht: 220 kg.

Preis: DM 812,—.

Steuer: frei.

Versicherung: DM 20,—.

NSU-Quickly-TT

Quickly-S-23, S-2-23, F

1961 vergrößert sich die Quickly-Familie noch einmal. Die neuen Modelle S-23 und S-2-23 unterscheiden sich von ihren bisherigen Schwestern vor allem durch ein neues Bild, das sie dem Betrachter bieten. Von dem Styling der T-Modelle ist nicht viel übrig geblieben. Die Form ist wieder sachlicher, bieder, aber in der kompakten niedrigen Bauweise mit den dicken Reifen, dem großen hochgezogenen Tank und dem formschönen Scheinwerfer doch recht ansehnlich und harmonisch. Die Sitzbank ist wieder einem gut gefederten, bequemen Sattel gewichen. Die Bremsen sind verstärkt. Der Zentralpreßrahmen und auch der Motor sind unverändert geblieben. Die S-2-23-Version ist für zwei Personen ausgebildet und wird serienmäßig mit einer Doppelsitzbank geliefert. Das Dreiganggetriebe ist obligatorisch. Die Quicklys S-23 und S-2-23 werden von 1961 bis 1963 gebaut; die zweifarbige Variante Typ F, die leicht abgerundete Formen aufweist, wird von 1962 bis 1963 produziert. Von dieser Modellreihe werden erstaunlich hohe Stückzahlen erreicht: insgesamt 50.757.

1963 ist bei NSU endgültig Schluß mit dem Mopedbau. Man konzentriert sich auf den Automobilsektor: Die „Prinzen" feiern wahre Triumphe, und der Ro 80 erregt 1967 mit seinem Wankelmotor großes Aufsehen. Die Quicklys aber sind trotz der Produktionseinstellung nicht „totzukriegen". Sie tauchen noch heute im Straßenverkehr auf und sind für Sammler kaum eine Rarität: Es gibt einfach zu viele!

Quickly-S-23

NSU-Quickly S-23

PANTHER

Die traditionsreichen Panther-Werke in Braunschweig werden bereits 1896 als „Braunschweiger Fahrradwerke" gegründet. Die Bezeichnung Panther resultiert aus dem Zusammenschluß mit den Panther-Werken in Magdeburg, der 1905 erfolgt. Mofas baut Panther in den dreißiger Jahren, und nach dem Krieg kommen Motorräder und Mopeds hinzu. Das erste von Panther 1953 angebotene Moped ist mit dem Lutz-Motor und einem Tankrahmen ausgestattet. 1954 kommt die Bobby mit Zweigang-Sachs-Motor, Stahlrohrrahmen, Federgabel und 26er Reifen auf den Markt. Die Farben: Schwarz mit Goldlinien oder Taubenblau mit dunkelblauer Absetzung.

Unter Bobby 2 wird 1954 ein Eingang-Ilo-Moped angeboten. 1955 folgt die Bobby 3, die mit Schwinghebelgabel, tiefgezogenen Blechen mit Seitenblenden, 23er Bereifung und dem Zweigang-Sachs-Motor ausgestattet ist. Die Bobby 4 tritt 1955 mit Zweigang-Ilo-Motor und Hinterradfederung durch Schwinge und Federbein in Erscheinung. Die Bobby 5 mit Sachs-Motor ist wahlweise mit Zwei- oder Dreiganggetriebe, Sitzkissen, Weißwandreifen und geschlossenem Kettenkasten zu haben. Die Bobby 6 ist in der Grundausstattung mit Schwingsattel und gegen Aufpreis von 22 DM mit Doppelsitzbank lieferbar. Zu Beginn der sechziger Jahre werden noch Zwei- und Dreigangmopeds mit den Bezeichnungen B 7, B 8, B 9 und B 10 angeboten.

Modell »*Bobby 3*« **2-Gang**

mit Tachometer und Moped-Vollnaben

DM 579,-

Modell »*Bobby 5*« **2-Gang**

mit Tachometer und Weißwandbereifung 23 x 2" **DM 645,-**

3-Gang

mit Tachometer, Weißwandbereifung 23 x 2", F. & S. Moped-Vollnaben mit Steckachse und geschlossenem Kettenschutz **DM 695,-**

Modell »*Bobby 6*« **2-Gang**

mit Tachometer und Weißwandbereifung 23 x 2,25" **DM 695,-**

3-Gang

mit Tachometer, Weißwandbereifung 23 x 2,25", F. & S.-Moped-Vollnaben mit Steckachse **DM 745,-**

Panther-Bobby

Panther-Bobby 3

Panther-Bobby 4

Panther Bobby 4 — 1956

Motor: Einzylinder-Zweitakt Ilo, Bohrung 38, Hub 43, 49 ccm, Verdichtung 1:6, Dauerleistung 1,7 PS bei 5250 U/min., Höchstdrehzahl 5450 U/min.

Vergaser: Pallas.

Elektrische Anlage: Noris 6 V 17 W, Kerze 225.

Getriebe und Antrieb: 2 Gänge, Drehgriffschaltung, Lamellenkupplung, Abstufung 13,8:7,0:1.

Rahmen: Verbundbauweise, Brüsselbach-Schwinghebelgabel, h. Federbeinschwinge.

Bereifung: v. 23 x 2,00, h. 23 x 2,00, Reifendruck v. 1,75 — h. 2.

Bremsen: Innenbackenbr., 90 mm ø.

Tankinhalt: 5 Ltr., Reserve 1 Ltr., Gemisch 1:25.

Verbrauch: Normverbrauch 1,8 Ltr./100 km.

Abmessungen: Länge 1840 mm, Breite 580 mm, Höhe 930 mm, Radstand 1140 mm, Bodenfreiheit 100 mm, Gewicht 43 kg.

Preis: DM 680,—.

Steuer: frei.

Versicherung: DM 16,— p. J.

PATZNER

Patzner-Filou

Die Patzner-Werke in Bad Mergentheim bringen 1954 ein Moped mit eigenem Eingangmotor heraus, der eine automatische Freilaufkupplung besitzt. Das Filou getaufte Moped wird Ende 1954 von der LK 23 abgelöst, einem Moped, das auch über das Einganggetriebe mit dem liegenden Zylinder verfügt. Der sehr tief gezogene Zentralrohr-Preßstahlrahmen wird ergänzt durch eine Teleskopgabel vorn und eine freitragende Hinterradaufhängung, wobei keine Verbindung zwischen Hinterrad und Sitzrohr besteht.

Patzner-LK 23

1956 sind außer der LK 23 noch drei weitere Patzner-Mopeds auf dem Markt, die in den wesentlichen Merkmalen übereinstimmen und durch die sogenannte Motor-Ringverkleidung mit Turbogebläse auffallen. Der Motor verfügt jetzt über ein Zweiganggetriebe und wird von Patzner auch als Einbaumotor geliefert. Die Hinterradfederung ist durch eine Teleskopschwinge verbessert. Die 23er Räder sind mit Leichtmetallfelgen und Vollnaben-Trommelbremsen ausgestattet. Die Tourist hat einen Satteltank, einen Schwingsattel und einen Transportgriff in der Rahmenbeuge. Die Sport verfügt über einen Büffeltank und eine lange Sitzbank. Die Cortina ist mit einer kurzen Sitzbank, einem vollverkleideten Rahmen und geschlossenem Kettenkasten ausgestattet.

Patzner-Tourist

Patzner LK 23 — 1955

Motor: Einzylinder-Zweitakt Patzner, Bohrung 42, Hub 36, Verdichtung 1:6, Dauerleistung 1,5 PS bei 4800 U/min., Höchstdrehzahl 6000 U/min.
Vergaser: Bing 1/10/16 HD 60/ND 2,12/NS 3.
Elektrische Anlage: Bosch-Schwungradlichtmagnet 6 V 3 W, Kerze 145, Gewinde M 14.
Getriebe und Antrieb: 1 Gang, Mehrscheibenkupplung, Abstufung 1:3,9?.
Rahmen: Kombinierter Rohrpreßstahlrahmen, Teleskopgabel.
Bereifung: v. 23 x 2,00, h. 23 x 2,00, Reifendruck v. 1,1 — h. 1,2.
Bremsen: v. Stahltrommel, h. Torpedorücktritt, 90 mm ø.
Tankinhalt: 5,5 Ltr., Reserve 1,3 Ltr., Gemisch 1:25.
Verbrauch: Normverbrauch 1,5 Ltr./100 km.
Abmessungen: Länge 1800 mm, Breite 600 mm, Höhe 950 mm, Radstand 1150 mm, Bodenfreiheit 115 mm, Gewicht 37 kg.
Preis: DM 495,—
Steuer: frei.
Versicherung: DM 6,— p. J.

Patzner-Sport

Patzner Tourist — 1956

Motor: Einzylinder-Zweitakt Patzner mit Gebläsekühlung, Bohrung 42, Hub 36, Verdichtung 1:6, Dauerleistung 1,5 PS bei 5000 U/min., Höchstdrehzahl 5800 U/min.
Vergaser: Bing 1/10/16 HD 60/ND 2,12/NS 3.
Elektrische Anlage: Bosch-Schwungradlichtmagnet 6 V 17 W, Kerze 145, Gewinde M 14.
Getriebe u. Antrieb: 2 Gänge, Drehgriff-Schaltung, Mehrscheibenkupplung, Abstufung 1:1,68.
Rahmen: Preßrahmen, Teleskopgabel, Hinterradschwinge mit Federbeinen.
Bereifung: v. 23 x 2,00, h. 23 x 2,00, Reifendruck v. 1,1 — h. 1,2.
Bremsen: Vollnaben, 90 mm ø.
Tankinhalt: 6 Ltr., Reserve 1 Ltr., Gemisch 1:25.
Verbrauch: Normverbrauch 1,5 Ltr./100 km.
Abmessungen: Länge 1750 mm, Breite 575 mm, Höhe 950 mm, Radstand 1150 mm, Bodenfreiheit 175 mm, Gewicht 45,5 kg.
Preis: DM 640,—.
Steuer: frei.
Versicherung: DM 16,— p. J.

RABENEICK

In Brackwede bei Bielefeld wird 1933 die August Rabeneick GmbH gegründet, die zunächst Polier- und Schleifmaschinen herstellt. Schon bald stellt man die Produktion auf Fahrradteile um, woraus kurze Zeit später ganze Fahrräder werden. Noch in den dreißiger Jahren baut Rabeneick Fahrräder mit 98-ccm-Hilfsmotor. Die Nachkriegsproduktion beginnt 1949 mit 98-ccm-Mofas und Motorrädern mit 98 und 123 ccm. Später folgen auch größere Motorräder.

Rabeneick-Taxi

Als Moped-Vorläufer bringt die Moped-Pionierfirma Rabeneick ein Fahrrad mit Hilfsmotor auf den Markt, das sich „Taxi" nennt und als „Cyclemaster" in 150.000 Exemplaren über die ganze Welt verbreitet wird. Der Erfolg dieses Kleinst-Kfz, das als Damen- und Herrenausführung geliefert wird, hat vorwiegend wirtschaftliche Gründe: geringe Anschaffungskosten, äußerst sparsamer Verbrauch und so gut wie keine Folgekosten. Der eigene Einzylinder-Zweitaktmotor mit 32 ccm ist als Nabenmotor ausgebildet und samt Tank im Hinterrad untergebracht. Es handelt sich um einen Drosselmotor mit sehr flachem Drehmomentverlauf. Der Gaseinlaß wird durch einen Flachdrehschieber gesteuert. Der Vergaser ist schwimmerlos. Die Kraftübertragung erfolgt von der Kurbelwelle über eine kurze Kette auf die Vorgelegewelle mit der Einscheiben-Korklamellen-Kupplung und von hier über eine zweite Kette auf den Hinterradzahnkranz. Der Rohrrahmen ist kräftig und mit der Rabeneick-Federgabel, einer weich ansprechenden, durch den einfachen Aufbau unbedingt zuverlässigen Schwinghebelgabel mit Gummibandfederung und einem Federweg von 40 mm ausgerüstet.

Rabeneick Moped M-53

Das „Taxi" wird 1953 durch eine Palette von drei richtigen Mopeds abgelöst, die zwar fast gleichzeitig erscheinen, aber dennoch verschiedene Merkmale aufweisen und besonders beim Preis differieren. Das Moped M-53 kostet bei Erscheinen sage und schreibe nur 398 DM. Als Motor wird der bewährte 32-ccm-Einzylinder-Zweitaktmotor der Taxi übernommen, der knapp 1 PS leistet. Weitere Daten: dreifach gelagerte Kurbelwelle, Einscheiben-Korklamellenkupplung, Bosch-Zündanlage, Meco-Vergaser mit Luftfilter, Kraftübertragung durch Gummikeilriemen, Gesamtübersetzung 1:18,9. Der gemuffte Rahmen ist aus nahtlosem Stahlrohr. Das obere Rohr dient gleichzeitig als Tragegriff. Die Rabeneick-Federgabel und die Trommelbremsnabe mit Steckachse kann man auf Wunsch für 30 DM Aufpreis erhalten. Die Räder sind 26 Zoll groß, der Tank faßt 3 Liter, der Lenker ist mit Kupplungshebel und Drehgasbetätigung ausgestattet. Zur serienmäßigen Ausstattung gehören: Luftpumpe, Werkzeugtrommel mit Inhalt, Gepäckträger, elektrisches Rücklicht und die Signalglocke. Die Beleuchtung ist im Lieferumfang nicht enthalten, die Lackierung ist einheitlich kachelgrün, das Gewicht beträgt ohne Federgabel 30 kg, mit Federgabel 32 kg, und die M-53 erreicht eine Reisegeschwindigkeit von 30 km/h bei einem Verbrauch von 1,2 Liter.

Rabeneick-Taxi

Rabeneick Taxi

Rabeneick M 53

Rabeneick Ilo-Moped, Sachs-Moped

Diese beiden Mopeds erscheinen ebenfalls im Moped-Geburtsjahr 1953. Das Ilo-Moped verfügt über einen Ilo-Zweitaktmotor mit eingebautem Tretlager, der mit seinen 1,5 PS eine Reisegeschwindigkeit von 38 km/h erreicht. Der freitragende Tankrahmen verfügt über einen breit gelagerten Hinterbau. Die Rabeneick-Schwinggabel mit Trommelbremsnabe und Steckachsenbefestigung ist bei dem Ilo-Moped im Preis von 545 DM enthalten. Der Tank faßt 2,8 Liter, der Verbrauch liegt bei 1,4 Liter, das Gewicht beträgt 32,6 kg.

Rabeneick Ilo-Moped

Dem Sachs-Moped ist ein 1,25-PS-Motor eingebaut, der eine Reisegeschwindigkeit von 35 km/h erreicht. Das Zweiganggetriebe mit Zwangskupplung ist vom Lenker aus zu schalten. Gesamtübersetzung im 1. Gang 1:27,8, im 2. Gang 1:17. Bei dem Sachs-Moped, das 33 kg auf die Waage bringt, kann ein 5-Liter-Satteltank nachgeliefert werden, der eine Fahrstrecke von fast 600 km ermöglicht. Der Preis: 575 DM.

Rabeneick Sachs-Moped

Ihr RABENEICK-Moped mit dem SACHS 50 ist nach dem Gesetz ein

Fahrrad mit Hilfsmotor.

Führerschein und polizeiliche Zulassung brauchen Sie dafür nicht.

Als Führer eines Fahrrades mit Hilfsmotor müssen Sie aber **mindestens 16 Jahre alt** und **gegen Haftpflicht versichert** sein. **Betriebserlaubnis und Deckungskarte** der **Haftpflichtversicherung** müssen Sie während der Fahrt immer bei sich haben. Vergessen Sie auch Ihren Personalausweis nicht.

Auch auf dem Moped sind Sie Radfahrer! Sie müssen alle gesetzlichen Bestimmungen beachten, wie sie für Radfahrer gelten. Nur die Benutzung der Radwege ist verboten.

Rat und Hilfe finden Sie in Stadt und Land bei jedem

SACHS MOTOR-DIENST

Reparaturen werden dort vom Fachmann ausgeführt. Ersatzteile sind stets vorrätig.

Achten Sie beim Kauf darauf, daß Sie vom Händler auch das zum Fahrzeug gehörende SACHS-Handbuch und das SACHS-Verkehrsbüchlein erhalten.

Ihr RABENEICK-Fachhändler:

BETRIEBSERLAUBNIS für das

Rabeneick MOPED

FAHRGESTELL Nr.

mit dem millionenfach bewährten Schloß-Nr.

MOTOR SACHS 50 Nr.

Vorstehend bezeichnetes RABENEICK-MOPED entspricht dem durch die umseitig abgedruckte „Allgemeine Betriebserlaubnis" Nr. 1715 des Kraftfahrt-Bundesamtes genehmigten Typ.

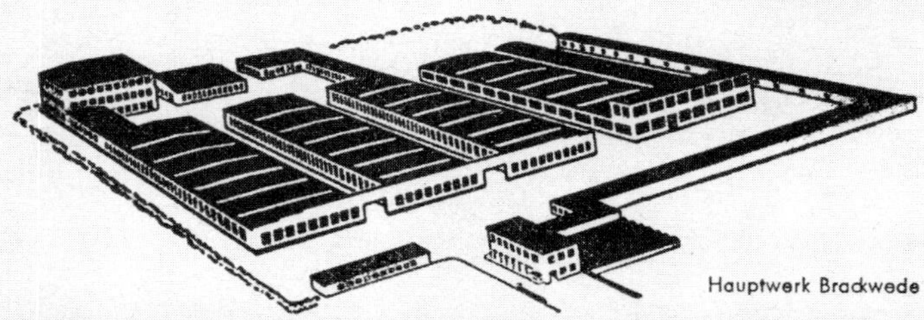

Hauptwerk Brackwede

AUGUST RABENEICK GmbH · BRACKWEDE i.W.
Fahrrad- und Motorradfabriken

Rabeneick Binetta

1955 wird die 53er-Modellpalette von einem Moped mit richtigem Namen abgelöst: die Binetta-Zeit beginnt. Das erste Modell mit dem neuen Namen ist wahlweise mit einem 47-ccm-Sachsmotor oder mit einem 49-ccm-Ilomotor erhältlich. Der Einrohrrahmen ist durchstiegsfrei. Bei den ersten Maschinen findet sich noch die interessante Vorderradschwinge mit Gummibandfederung der Taxi. Hinterradfederung gibt es auf Wunsch. 1956 gesellt sich die Binetta-Sport zu den beiden Grundmodellen. Sie wird mit einem schmaleren Lenker und neuem Sattel in den Handel gebracht. Die Sport wird nur mit Sachs-Motor mit Kickstarter geliefert und ist in drei verschiedenen Zweifarben-Ausführungen zu haben: mittelblau-hellgrau, pelikanrot-hellgrau und dunkelgrün-hellgrau. Der Preis: 635 DM.

Rabeneick Binetta — 1955

Motor: Einzylinder-Zweitakt Ilo, Bohrung 38, Hub 43, Verdichtung 1:6,5, Dauerleistung 1,7 PS bei 5250 U/min., Höchstdrehzahl 5250 U/min.

Vergaser: Bing-Startvergaser.

Elektrische Anlage: Schwungradlichtmagnetzünder 6 V 3 W, Kerze 175 T 11, Gewinde M 14.

Getriebe und Antrieb: 2 Gänge, Drehgriffschaltung, Mehrscheibenkupplung im Ölbad, Primärkette 1/2x3/16, Sekundärkette 1/2x3/16, Abstufung 1:13,8:7,0.

Rahmen: Preßstahlrahmen, kurze Schwinggabel.

Bereifung: v. 23x2,00, h. 23x2,00, Reifendruck v. 1,1 — h. 1,2.

Bremsen: Innenbackenbr., 90 mm ø.

Tankinhalt: 6 Ltr., Reserve 1 Ltr., Gemisch 1:25.

Verbrauch: Normverbrauch 1,25 Ltr./100 km.

Gewicht: 33 kg.

Preis: DM 598,—.

Steuer: frei.

Versicherung: DM 6,— p. J.

Rabeneick Binetta — 1956

Motor: Einzylinder-Zweitakt F&S, Bohrung 38, Hub 42, Verdichtung 1:6, Dauerleistung 1,25 PS bei 5250 U/min., Höchstdrehzahl 5250 U/min.

Vergaser: Bing-Startvergaser.

Elektrische Anlage: Schwungradlichtmagnetzünder 6 V 17 W, Kerze 175 T 11 Gewinde M 14.

Getriebe und Antrieb: 2 Gänge, Drehgriffschaltung, Mehrscheibenkupplung im Ölbad, Primärkette 1/2x3/16, Sekundärkette 1/2x3/16, Abstufung 1:13,8:7,0.

Rahmen: Einrohrrahmen, kurze Schwinggabel, Hinterradfederung a. Wunsch.

Bereifung: v. 23x2,00, h. 23x2,00, Reifendruck v. 1,1 — h. 1,2.

Bremsen: Innenbackenbr., 90 mm ø.

Tankinhalt: 6 Ltr., Reserve 1 Ltr., Gemisch 1:25.

Verbrauch: Normverbrauch 1,25 Ltr./100 km.

Gewicht: Auf Wunsch der Firma nicht angegeben.

Preis: DM 598,—, mit Hinterradfederung u. Vollnaben DM 620,— einschl. Tachometer.

Steuer: frei.

Versicherung: DM 16,— p. J.

Rabeneick Binetta III, Binetta III Sport

1957 kommt eine völlig neue Binetta auf den Markt. Die Binetta III ist mit einem 47-ccm-Sachsmotor ausgerüstet und besticht durch eine harmonische, rassige Form. Der neue Preßblechrahmen mit kurzer Schwinggabel vorn und Schwinge mit Federbeinen hinten ist noch durchstiegsfrei, hat aber viel Verkleidung aufzuweisen. Die vorderen Schutzbleche sind weit heruntergezogen, und das Hinterrad ist im oberen Bereich mit tiefen Schutzblechen versehen. Unter der modernen Sitzbank versteckt sich ein kleiner Gepäckraum für Decke, Fahrerumhang usw. Das Sportmodell wird für 40 DM Aufpreis mit Dreiganggetriebe geliefert. Weißwandreifen sind im Preis von 736 DM enthalten. Beide Binetta-Varianten werden bis 1958 gebaut.

Rabeneick Binetta III — 1957

Motor: Einzylinder-Zweitakt Sachs, Bohrung 38, Hub 42, Verdichtung 1:6, Dauerleistung 1 PS bei 4100 U/min., Höchstdrehzahl 5250 U/min.

Vergaser: Bing 1/12/22 D 56/ND 1517/ NS.

Elektrische Anlage: Schwungradlichtmagnetzünder 6 V 17 W, Kerze Bosch W 190 M 11 S, Gewinde M 14.

Getriebe und Antrieb: 2 Gänge, Drehgriffschaltung, Mehrscheibenkupplung im Ölbad, Primärkette 1/2x3/16, Sekundärkette 1/2x3/16, Abstufung 1:13,8:7,0.

Rahmen: Preßblechrahmen, kurze Schwinggabel, Schwinge mit Federbeinen hinten.

Bereifung: v. 23 x 2,25, h. 23 x 2,25, Reifendruck v. 1,1 — h. 1,2.

Bremsen: Innenbackenbr., 90 mm ø.

Tankinhalt: 6,3 Ltr., Reserve 1 Ltr., Gemisch 1:25.

Verbrauch: Normverbrauch 1,3 Ltr./100 km.

Gewicht: Auf Wunsch der Firma nicht angegeben.

Preis: DM 668,—.

Steuer: frei.

Versicherung: DM 16,— p. J.

Rabeneick Binetta III Sport — 1958

Motor: EinzylinderZweitakt Sachs, Bohrung 38 mm, Hub 42 mm, Verdichtung 1 : 6, Dauerleistung 1 PS bei 4100 U/min, Höchstdrehzahl 5250 U/min.

Vergaser: Bing 1/12/22 D 56/ND 1517/ NS.

Elektrische Anlage: Schwungradlichtmagnetzünder 6 V 17 W, Kerze Bosch W 190 M 11 S, Gewinde M 14.

Getriebe und Antrieb: 2 Gänge, Drehgriffschaltung, Mehrscheibenkupplung im Ölbad, Primärkette 1/2 x 3/16, Sekundärkette 1/2 x 3/16, Abstufung 1:13,8:7,0.

Rahmen: Preßblechrahmen, kurze Schwinggabel, Schwinge mit Federbeinen hinten.

Bereifung: v. 23 x 2,25, h. 23 x 2,25. Reifendruck v. 1,4, h. 1,6.

Bremsen: Innenbackenbr. 90 mm ⌀.

Tankinhalt: 7 l, Reserve 1 l, Gemisch 1 : 25.

Verbrauch: Normverbrauch 1,5-1,75 l je nach Fahrweise.

Gewicht: 53 kg.

Preis: Tourenmodell *) DM 710,—
Sportmodell **) DM 736,—

Aufpreis für Dreigang DM 40,—

Steuer: frei.

Versicherung: DM 20,— p. J.

*) mit schwarzen Reifen
**) mit Weißwandreifen

Rabeneick Binetta III

Rabeneick Binetta III Sport

Rabeneick Binetta als Lastboy

Rabeneick-Lastboy

Sowohl zur Binetta als auch zur Binetta III wird eine Transportversion angeboten, bei der vorne ein stabiler Rohrgepäckträger angebracht ist, dem man mittels Klemmschrauben einen verzinkten Korb aufsetzen kann. Der Witz dabei: Innerhalb von drei bis vier Minuten läßt sich der Gepäckträger abmontieren, der Scheinwerfer wird von der Vordergabel weggenommen, unter den Lenker gesteckt, und fertig ist ein ganz normales Moped. Der Lastenboy ist ein äußerst billiges, raumsparendes Transportmittel und findet bei Lebensmittelhändlern, Fleischern, Bäckern, Großhandlungen, Wäschereien, Druckereien usw. Anklang. Auch die Deutsche Bundespost ist Abnehmer.

Der verwindungsfreie Stahlpreßrahmen ist mit einer Spezialfedergabel mit Schraubenfederung und Stoßdämpfung vorn und mit Langschwinge mit gedämpften Federbeinen hinten versehen, außerdem sind stärkere Transportreifen vorgesehen. Die Ladefläche des vorderen Gepäckträgers beträgt 54 x 34 cm. Auch hinten ist noch ein stabiler Rohrgepäckträger zu benutzen, der eine Ladefläche von 33 x 21 cm aufweist. Der verzinkte Drahtkorb hat die Maße 58 x 48 und ist 28 cm hoch. Das Gewicht des Lastboy: 64 kg inklusive Gepäckträger und Korb. Der Verbrauch beträgt 1,8-2 Liter, was einem km-Preis von 1,5 Pfennig entspricht.

Rabeneick Binetta III-Lastboy

Rabeneick Binetta III-Sport

Rabeneick Binetta-Star, Binetta-Superstar

1960 erscheint die Binetta-Star, eine verstärkte Ausführung der Binetta III mit Doppelsitzbank, Langschwingen vorn und Federbeinen hinten. Der 47-ccm-Sachsmotor leistet jetzt 1,6 PS; drei Gänge sind obligatorisch, der Tank faßt 7 Liter. Die Superstar mit ihrem Einzylinder-Zweitaktmotor bringt 2 PS und ist wahlweise mit einem 3,2-PS-Motor zu haben, der eine Spitzengeschwindigkeit von 65 km/h bewirkt. Der großvolumige Tank, der einen freien Durchstieg verhindert, faßt 9 Liter. Aber auch der Preis ist super: 920 DM kostet das Vergnügen, einen Superstar zu besitzen.

Rabeneick Binetta-Star

Rabeneick Binetta-Superstar

Rabeneick Binetta Superstar 1961

Motor: F & S-Einzylinder-Zweitakter mit Gebläsekühlung, Bohrung 38 mm, Hub 42 mm, Verdichtung 6,5:1, Leistung 3,2 PS bei 5500 U/min, Höchstdrehzahl 6500 U/min.

Vergaser: Bing 2/14.

Elektrische Anlage: Bosch-Schwungradmagnet 6 V/17 W, Scheinwerfer 100 mm Ø, Wechselstrom-Schnarre.

Getriebe und Antrieb: Antrieb Kette-Kette, Ölbadkupplung, 3-Gang-Getriebe mit Drehgriffschaltung, Abstufung der Gänge 1:13, 35:8,11:5,43.

Fahrwerk: Gepreßter Schalenrahmen, Langarmschwinge vorn und hinten mit ölgedämpften Federbeinen.

Bereifung: 23/2,50 Weißwand vorn und hinten.

Bremsen: Sachs-Vollnaben 115 mm Ø, Belagbreite 20 mm.

Tankinhalt: 9 l, Reserve 1,5 l.

Verbrauch: 2,3 l/100 km.

Höchstgeschwindigkeit: 65 km/h.

Preis: DM 920,—.

Steuer: frei.

Versicherung: DM 20,—.

RAUSCHER

Rauscher-Raumo I

Die Ludwigshafener Modellbaufirma Rauscher ist bereits seit Jahrzehnten als Produzent für Modelle verschiedenster Industrieprodukte bekannt, als sie 1953 ihr erstes Moped Ramo auf der IFMA präsentiert. Eine erstaunlich fortschrittliche Konstruktion kann von den IFMA-Besuchern besichtigt werden, die über einen glattflächigen Leichtmetalltankrahmen aus einem Guß, einer neuartigen Hinterrad-Schwingnabe und eine Vorderrad-Schwinghebelgabel verfügt. Die Hinterradgabel ist als Kettenschutz ausgebildet, und für die Bremsung sind Innenbackenbremsen vorn und hinten verantwortlich. Für den Antrieb sorgt der Zweigangmotor Sachs 50. 1954 muß Rauscher sein Moped auf Raumo umtaufen, weil Ramo bereits von einer anderen Firma als Markenbezeichnung belegt war. Die Raumo II von 1955 wird wahlweise mit Motoren von Ilo, Sachs und Zündapp angeboten und ist hinten mit Teleskopfederung ausgestattet. Eine schwungvolle Linienführung bekommt der Leichtmetallrahmen in der Ausführung von 1956, die als Raumo III in Standard- und Luxusversion auf den Markt kommt. Neu ist die Teleskopgabel vorn. Die Luxusausführung besticht durch Weißwandreifen, eingebauten Tacho, Rückspiegel, Zylinderschloß und verchromten Tank.

Rauscher, der 1956 durch die Erfindung von Styropor durch BASF neue Aufgaben im Bereich des Formenbaus für Styroporverarbeitung erhält, stellt 1957 die Mopedproduktion ein. Nach seinem Tod 1968 wird das Unternehmen von seiner Frau mit einem Geschäftsführer bis zum Konkurs 1982 weitergeführt.

REX

Die Rex-Motorenwerke in München sind als Pioniere richtungsweisend an der Mopedherstellung und dem Motorenbau beteiligt. Bereits 1948 entsteht der erste Fahrrad-Hilfsmotor mit 31 ccm. Wenig später erscheint eine 34-ccm-Version. Diese Motoren werden schon in großer Stückzahl gefertigt, und in einem Inserat von 1950 wird auf 30.000 verkaufte Rex-Fahrradmotoren verwiesen. Der Motor, der über dem Vorderrad in jedes normale Fahrrad eingebaut werden kann und das Vorderrad mit einem Keilriemen antreibt, fördert den Moped-Gedanken in Deutschland durch seine enorme Zuverlässigkeit. Schritt für Schritt wird der Motor weiterentwickelt und wächst zunächst auf 40 ccm, später auf 49 ccm, um die gesetzliche Grenze so weit wie möglich auszunutzen. Der 34-ccm-Motor verdichtet 1:5,6 und verfügt über einen Leichtmetallzylinder mit eingezogener Perlitgußbüchse. Der Leichtmetall-Zylinderkopf ist abnehmbar. Der Tank, am Lenkerschaft befestigt, faßt etwa 2 Liter, ausreichend für eine Fahrt von 120 km. Mit den 0,75 PS bei 3500 U/min. erreicht der Rex-Motor eine Dauergeschwindigkeit von 20 bis 25 km/h. Das Einganggetriebe wird in der Werbung als Vorteil herausgestellt: „Kein Zweiganggetriebe, kein lästiges Schalten!"

Rex-Frontmotor zum nachträglichen Einbau für jedes Fahrrad

Rex-Rahmeneinbaumotor zum nachträglichen Einbau in jedes Herrenfahrrad

Rex-Moped-Standard

Auf der 1. IFMA in Frankfurt 1951 wird von Rex bereits ein Fahrrad mit Hilfsmotor vorgestellt, das dem eigentlichen Moped schon sehr ähnelt. Dieses 40-ccm-Gefährt wird 1952 unter der Bezeichnung EKB-Fahrrad mit Hilfsmotor angeboten. Das Fahrrad wird im Auftrag von Rex bei einer Fahrradfabrik hergestellt, und Rex baut den Motor nachträglich nicht am Vorderrad, sondern über dem Tretlager ein. 1953 wird das Fahrrad mit dem 49-ccm-Rex-Motor ausgestattet und erhält die Bezeichnung Moped-Standard oder auch Volksmoped. Intern läuft es unter FM-50-Moped. Der ungewöhnlich günstige Preis von 398 DM wird auch noch 1955 gehalten, als das Volksmoped bereits mit einem Satteltank ausgestattet ist.

Rex-Standard

Rex-Moped Luxus

Noch 1953 wird bei Rex eine anspruchsvollere Mopedversion angeboten, die sich äußerlich besonders durch den veränderten Tank von der Standard-Ausführung unterscheidet. Sie wird von dem Rex-Motor FM 50 L (mit Lamellenkupplung) angetrieben, einem Motor mit einfachem Zahnradvorgelege in vom Kurbelgehäuse getrenntem Gehäuse. Die Unterschiede zwischen den bisherigen Rex-Motortypen erstrecken sich nur auf Zylinderinhalt, Leistung, Zündanlage und Verwendungszweck, nicht auf den grundsätzlichen Aufbau des Motors. Hier bestehen nur insofern Unterschiede, als die Rex-Fahrradmotoren keine Kupplung besitzen, aber nachträglich mit einer Klemmkugelkupplung ausgerüstet werden können. Das Luxus-Moped von 1953 ist weiter ausgestattet mit Federgabel, Schwingsattel, Trommelbremse, Werkzeugtasche und einem Scheinwerfer, der den Einbau eines Tachos ermöglicht. Die Emaillierung wird in Rot, Grün, Sandfarben oder Schwarz ausgeführt.

Rex Luxus — 1956

Motor: Einzylinder-Zweitakt, Bohrung 40,5, Hub 38,25, Verdichtung 1:6, Dauerleistung 1,9 PS bei 4500 U/min.
Vergaser: Startvergaser.
Elektrische Anlage: Umlaufmagnetzünder 6 V 17 W, Kerze W 95 T 1.
Getriebe und Antrieb: 1 Gang, Drehgriffschaltung, Lamellenkupplung, Primärkette 1/2 x 3/16, Sekundärkette 1/2 x 1/8, Abstufung 1:17,4.
Rahmen: Einrohrrahmen, Federgabel.
Bereifung: v. 26 x 2,00, h. 26 x 2,00.
Bremsen: Innenbackenbremse vorne, Torpedofreilauf hinten, 79 mm ø.
Tankinhalt: 4 Ltr., Reserve 0,75 Ltr., Gemisch 1:25.
Verbrauch: Normverbrauch 1,4 Ltr./100 km.
Abmessungen: Länge 1885 mm, Breite 680 mm, Höhe 1000 mm, Radstand 1190 mm, Gewicht 30,5 kg.
Preis: DM 448,—.
Steuer: frei.
Versicherung: DM 19.40 p. J.

Rex-Zweigang

Ein motorradähnlich gestaltetes Moped mit Ovalrohrrahmen und neuem Motor gesellt sich Anfang 1955 zur Standard- und Luxus-Ausführung. Der neue Rex-Zweigangmotor läuft unter der Bezeichnung FM 504 und besitzt auf der Kurbelwelle eine von der Bauart beim Eingangmotor abweichende Mehrscheibenkupplung, über die er mit Zahnrädern auf die Vorgelegewelle und von dort auf die Getrieberäder für die beiden Gänge arbeitet. Die im Getriebegehäuse eingebaute Tretkurbelwelle enthält in ihrem Antriebszahnrad einen Freilauf mit Bremsfeder. Ein Bremshebel mit Sperrklinge betätigt beim Rückwärtstreten die Innenbackenbremse im Hinterrad. Das Freilaufzahnrad der Tretkurbelwelle arbeitet über ein Zwischenrad und ein mit dem Getrieberad des großen Ganges verbundenes weiteres Zahnrad auf den Kurbeltrieb des Motors. So kann der Motor in der Leerlaufstellung des Getriebes bei stehendem Fahrzeug mit den Tretkurbeln gestartet werden.

Der Ovalrohrrahmen wird durch eine Preßstahlgabel mit Schwingen ergänzt. Die tiefen Kastenschutzbleche verfügen über Seitenblenden als Schmutz- und Kleiderschutz. Die Sitzrohrverkleidung dient als Werkzeugkasten. Beide Bremsnaben sind verchromt. Weißwandreifen gibt es auf Wunsch gegen Mehrpreis.

1956 kommen drei Varianten des Zweigangmopeds auf den Markt: Die Ausführung mit Ovalrohrrahmen und Preßstahlgabel erhält eine Hinterradfederung und kostet 615 DM. Um preisgünstigere Zweigangmopeds anbieten zu können, bringt Rex die XX-Ausführung ohne Hinterradfederung, ohne Preßstahlgabel und mit dem alten Einrohrrahmen für 498 DM an den Mann bzw. die Frau. Die XXL-Ausführung verfügt zwar wieder über die Preßstahlgabel, verzichtet aber auf die Hinterradfederung und muß sich ebenfalls mit dem Einrohrrahmen begnügen. Dafür kostet das hübsche Zweifarbenmoped auch nur 535 DM.

Rex-Zweigang-XX

Rex-Zweigang (Ovalrohrrahmen)

Rex (2-Gang) — 1955

Motor: Einzylinder-Zweitakt, Bohrung 40, Hub 39,5, Verdichtung 1:6, Dauerleistung 2,1 PS bei 5500 U/min., Höchstdrehzahl 5500 U/min.
Vergaser: Pallas mit Seitenschwimmer.
Elektrische Anlage: Umlaufmagnetzünder 6 V 3 W, Kerze 175, Gewinde M 14.
Getriebe und Antrieb: 2 Gänge, Drehgriffschaltung, Lamellenkupplung im Ölbad, Primärkette 1/2 x 3/16, Sekundärkette keine, Abstufung 1:2,73.
Rahmen: Ovalrohrrahmen, Preßstahlschwinggabel.
Bereifung: v. 24 x 2,00, h. 24 x 2,00.
Bremsen: Trommelbremsen 90 mm ø.
Tankinhalt: 3,75 Ltr., Reserve 0,75 Ltr., Gemisch 1:25.
Verbrauch: Normverbrauch 1,8 Ltr.
Abmessungen: Länge 1850 mm, Breite 625 mm, Höhe 900 mm, Radstand 1185 mm, Gewicht 33 kg.
Preis: DM 598,—.
Steuer: frei.
Versicherung: DM 6,— p. J.

Rex-Monaco

Das neue Rex-Moped wird 1956 vorgestellt. Es soll besonders durch die gute Federung Käufer locken, und Rex kann auf eine selbstentwickelte Vorderrad-Langarmschwinge mit Federbeinen verweisen. Als Motor dient zunächst der FM 504 mit zwei Gängen, und 1958 wird der Monaco S/3, wie sie jetzt heißt, der Rex-Dreigangmotor 509 eingebaut. Der 4-Liter-Tank der Monaco ist in Gummi gelagert, der Scheinwerfer unverstellbar fest eingebaut. Die Frischluft für den Vergaser wird durch den Rahmen geleitet. Der Zylinderkopf ist am Rahmen abgestützt. Der Drehpunkt der Vorderradfederung liegt weiter hinten. Bei dem Dreigangmoped ist der Kettenkasten nach unten geschlossen.

Rex-Monaco

Rex Monaco — 1958

Motor: Einzylinder - Zweitakt Rex, Bohrung 40, Hub 39,5, Verdichtung 1:6, Dauerleistung 1,3 PS bei 5000 U/min.

Vergaser: Pallas mit Seitenschwimmer.

Elektrische Anlage: Umlaufmagnetzünder 6 V 17 W, Kerze Bosch W 190 M 11 S, Gewinde M 14.

Getriebe u. Antrieb: 2 Gänge, Drehgriffschaltung, Lamellenkupplung, Primärkette 1/2 x 3/16, Sekundärkette 1/2 x 1/8, Abstufung 1. Gang = 2,77, 2. Gang = 1,77.

Rahmen: Einrohrrahmen, Schwinge mit Federbeinen, langarmige Vorderrad-Schwinggabel mit Federbeinen.

Bereifung: v. 23 x 2,25, h. 23 x 2,25.

Bremsen: Vollnabenbremse vorne und hinten, 90 mm ø.

Tankinhalt: 4 Ltr., Reserve 0,75 Ltr., Gemisch 1:25.

Verbrauch: Normverbrauch 1,4 Ltr./100 km.

Abmessungen: Länge 1795 mm, Breite 680 mm, Höhe 1000 mm, Radstand 1145 mm, Gewicht 48 kg.

Preis: DM 585,—, Aufpreis f. Tacho und Ballonbereifung DM —,—.

Steuer: frei.

Versicherung: DM 16,— p. J.

Rex-Sport

Während die Monaco sich an die bekannte Rex-Linie hält, ist das Sport-Moped ein unverfälscht italienisches Baumuster. Die markanten Besonderheiten: teleskopgefederte Langarmschwingen vorn und hinten, rennmäßige Scheinwerferverkleidung, Büffeltank und langes Sitzkissen. Die Zweigangausführung erscheint bereits Ende 1956. 1958 gesellt sich eine Dreigangversion hinzu.

Rex-Como

„Das Moped mit den technischen Kostbarkeiten", wie es die Werbung verspricht, wird 1959 ins Rennen geschickt. Das zweisitzige Moped ist mit einem Rex-Dreigangmotor mit Gebläsekühlung ausgerüstet. Rahmen und Gabel der Como sind aus Blechschalen hergestellt. Das Vorderrad hängt an einer Langarmschwinge mit Federbeinen. Das Hinterrad ist ebenfalls durch eine Langarmschwinge abgefedert, wobei die Federbeine pneumatische Dämpfung aufweisen. Die Vollnabenbremsen im Vorder- und Hinterrad haben einen Bremstrommeldurchmesser von 120 mm. Zur Erleichterung der Montage ist die Nabe mit Steckachse ausgerüstet. Verchromte Stahlfelgen, Diebstahlsicherung, Schlußleuchte, Tachometer und die Doppelsitzbank sind serienmäßig.

Zu Beginn der sechziger Jahre bringt Rex noch die „Silberpfeil" heraus, ein Kleinkraftrad mit einem 49-ccm-Dreigangmotor, das über einen Preßstahl-Vollschwingenrahmen mit Federbeinen verfügt. 1963 erscheint das Moped Piccolo, eine schlichte Rohrrahmenausführung mit automatischer Kupplung, die für nur 495 DM angeboten wird. 1964 wird bei Rex die Produktion eingestellt.

Rex-Sport

Rex Sportmoped — 1957

Motor: Einzylinder - Zweitakt Rex, Bohrung 40, Hub 39,5, Verdichtung 1:6, Dauerleistung 1,3 PS bei 5000 U/min.

Vergaser: Pallas mit Seitenschwimmer.

Elektrische Anlage: Umlaufmagnetzünder 6 V 17 W, Kerze Bosch W 190 M 11 S, Gewinde M 14.

Getriebe und Antrieb: 2 Gänge, Drehgriffschaltung, Lamellenkupplung im Ölbad, Primärkette —, Sekundärkette —, Abstufung 1. Gang = 2,77, 2. Gang = 1,77.

Rahmen: Geschlossener Dreieck-Rohrrahmen, Hinterradschwinge mit Federbeinen, langarmige Vorderrad-Schwinggabel mit Federbeinen, Satteltank, Sitzbank.

Bereifung: v. 23 x 2,00, h. 23 x 2,00.

Bremsen: Vollnabenbremsen h. u. v. 90 mm ø.

Tankinhalt: 10 Ltr., davon Reserve 1 Ltr., Gemisch 1:25.

Verbrauch: Normverbrauch 1,8 Ltr./100 km.

Preis: DM 725,—.

Steuer: frei.

Versicherung: DM 16,— p. J.

Rex-Como aus der Sammlung Udo Hönicke, Frankfurt

RIXE

In Brake bei Bielefeld ist das Rixe-Werk ansässig, ein Werk, das zwar nie spektakuläre Erfolge verbuchen kann, aber als eines der ganz wenigen deutschen Zweiradwerke das große Firmensterben in den fünfziger und sechziger Jahren überlebt. Von 1921 bis 1984 baut Rixe mit wechselnden Schwerpunkten Fahrräder, Mofas, Motorräder, Mopeds und Kleinkrafträder. Nach dem Zusammenbruch werden die Anlagen Anfang 1985 nach China verkauft.

Das erste Rixe-Moped, noch ohne Namen, erscheint 1954 in der westfälischen Zweiradmetropole, verfügt über einen 50er Sachs-Motor mit Zweiganggetriebe, Einrohrrahmen, Vorderradfedergabel und Innenbackenbremsen vorn und hinten. Das Hinterrad ist durch üppige Seitenverkleidung halb verdeckt, der Kettenkasten geschlossen. Als Emaillierung wird olivgrau oder schwarz angeboten. Eine Exportversion besitzt Leichtmetallfelgen, Chromtank und Tacho im Scheinwerfer.

Rixe-Moped von 1954

Rixe-Standard

Die Modelle von 1955 heißen Standard und Luxus. Die Schutzbleche sind verbreitert, als Farben kommen noch Dunkelrot und Dunkelgrün hinzu. Die Standard-Ausführung verfügt nicht über den geschlossenen Kettenkasten und die abwaschbare Verkleidung („Mantelschutz") am Hinterrad. Diese Besonderheiten sind der Luxus-Ausführung vorbehalten.

Export de Luxe und Export de Luxe Super nennen sich die Rixe-Mopeds von 1956. Sie besitzen eine Hinterradschwinge, und die Federwege vorne sind verbessert. Der bewährte Zweigang-Sachs-Motor besorgt den Antrieb. Der Rohrrahmen ist in einem Stück bis zum Motor verkleidet, die Schutzbleche sind tiefer gezogen, der Tank ist verchromt. Die Felgen sind aus Aluminium, die Vollnaben verchromt, hinten mit Steckachse. Die Super-Ausführung ist zweifarbig emailliert zu bekommen und wird auf Wunsch mit Sitzbank geliefert. Die Export de Luxe (Modell II) wird mit geschlossenem Moleskin-Kettenschutz und Moleskin-Hinterradverkleidung geliefert.

Rixe-Export de Luxe

Export de Luxe — 1957

Motor: Einzylinder-Zweitakt Sachs, Bohrung 38, Hub 42, Verdichtung 1:6, Dauerleistung 1,25 PS bei 4100 U/min., Höchstdrehzahl 5500 U/min.

Vergaser: Bing 1/12 HD 56/ND 1517, NS 2.

Elektrische Anlage: Bosch-Schwungradlichtmagnet 6 V 17 W, Kerze Bosch W 190 M 11 S, Gewinde M 14.

Getriebe und Antrieb: 2 Gänge, Drehgriffschaltung, Zweischeiben-Korklamellenkupplung, Sekundärkette 1/2 x 3/16, Abstufung 1:26,7:15,4.

Rahmen: Einrohrrahmen, verstellbare Schwinge vorne.

Bereifung: v. 23 x 2,25, h. 23 x 2,25, Reifendruck v. 1,1 — h. 1,2.

Bremsen: F&S-Innenbackenbremsen, 90 mm ø.

Tankinhalt: 5,5 Ltr., Reserve 0,5 Ltr., Gemisch 1:25.

Verbrauch: Normverbrauch 1,3 Ltr./100 km.

Abmessungen: Länge 1810 mm, Breite 620 mm, Höhe 960 mm, Radstand 1160 mm, Bodenfreiheit 170 mm, Gewicht 38 kg.

Preis: DM 625,—.

Steuer: frei.

Versicherung: DM 16,— p. J.

Rixe-Export de Luxe (Modell II)

Rixe-Geschäftsmoped

Export de Luxe Super 1957

Motor: Einzylinder-Zweitakt Sachs, Bohrung 38, Hub 42, Verdichtung 1:6, Dauerleistung 1,25 PS bei 4100 U/min., Höchstdrehzahl 5500 U/min.

Vergaser: Bing 1/12 HD 56/ND 1517, NS 2.

Elektrische Anlage: Bosch-Schwungrad-Lichtmagnet, 6 V 17 W, Kerze Bosch W 190 M 11 S, Gewinde M 14.

Getriebe und Antrieb: 2 Gänge, Drehgriffschaltung, Zweischeiben-Korklamellen-Kupplung, Sekundärkette 1/2 x 3/16, Abstufung 1:26,7 : 15,4.

Rahmen: Preßrahmen, Schwinghebelgabel, Schwinge mit Federbeinen hinten.

Bereifung: v. 23 x 2,25, h. 23 x 2,25, Reifendruck v. 1,1, h. 1,2.

Bremsen: Innenbackenbremsen, Trommel ⌀ 90 mm.

Tankinhalt: ca. 6 Ltr., Reserve ca. 1 Ltr., Gemisch 1:25.

Verbrauch: Normverbrauch 1,3 Ltr./100 km.

Preis: DM 611,—.

Steuer: frei.

Versicherung: DM 16,— p. J.

Das „Rixe-Geschäftsmoped" eignet sich besonders zum Transport kleiner Güter und wird vorwiegend von Geschäftsleuten zum Ausliefern angeschafft. Die Tragfähigkeit beträgt 75 kg, der Gepäckträger hat die Maße 65 x 40 x 15 cm.

Rixe-Export de Luxe Super

Rixe-Derby, das rassige Sportmoped von 1961, ist mit einem schweren Zentral-Doppelrohrrahmen mit tiefliegendem Schwerpunkt, Langhubschwingen vorn und hinten (ölgedämpft) und verstärkten Stahlfelgen ausgerüstet. Die Derby ist selbstverständlich zweisitzig, kann 9 Liter tanken, und für das Gepäck steht ein stabiler Kofferträger zur Verfügung. Angetrieben wird die Sportmaschine von dem gebläsegekühlten 50-ccm-Sachs-Motor mit Dreiganggetriebe.

Rixe-Derby

TORPEDO

Die bereits 1896 in Frankfurt-Rödelheim gegründeten Torpedo-Werke, die Fahrräder, Schreibmaschinen und Motorräder herstellen, werden im Zweiten Weltkrieg fast völlig zerstört. In Alzenau entsteht in den Nachkriegsjahren ein neues, modernes Werk. Neben Motorrädern, deren Bau 1953 eingestellt wird, und Fahrrädern baut Torpedo auch Mopeds. Das erste Modell von 1953 ist mit einem Ilo-Motor ausgestattet. Ab 1954 baut Torpedo Sachs-Motoren ein. Das Moped Torpedo Sachs 50 von 1954 ist eine schlichte, aber robuste Konstruktion, die über einen Einrohrrahmen, eine Pendelgabel mit Federelementen im Gabelkopf und Bremsnaben vorn und hinten verfügt. Der Motor ist tief aufgehängt, was einen freien Durchstieg und eine günstige Schwerpunktlage zur Folge hat. Die Torpedo Sachs 55 erscheint 1955 und hat sich optisch leicht verändert. Die Schutzbleche sind tiefer gearbeitet und durch Schmutzschutzverkleidung optimiert. Der Kettenschutz ist vergrößert. Die 26er Reifen sind durch 23er ersetzt worden. Bei dem Modell von 1956 ist der Kettenschutz in einem Stück auch auf den Motor verlängert. Nach 1956 werden eigene Mopeds bei Torpedo nicht mehr gebaut. Bei den später unter „Torpedo" angebotenen Mopeds handelt es sich um Ausführungen von Miele und Rixe.

Torpedo-Moped mit Ilo-Motor (1953)

Torpedo-Sachs 50

Torpedo Sachs 55 — 1955

Motor: Einzylinder-Zweitakt Sachs, Bohrung 38, Hub 42, Verdichtung 1:6, Dauerleistung 1 PS bei 4000 U/min., Höchstdrehzahl 4100 U/min.

Vergaser: Bing 1/12/22 HD 56/ND 2,10/NS 3.

Elektrische Anlage: Bosch-Schwungradlichtmagnet 6 V 3 W, Kerze Bosch W 175 T 11, Gewinde M 14.

Getriebe und Antrieb: 2 Gänge, Drehgriffschaltung, Zweischeiben-Korklamellenkupplung, Sekundärkette 1/2 x 3/16, Abstufung 1:2,89:1,77.

Rahmen: Einrohrrahmen, Torpedoschwinggabel.

Bereifung: v. 23 x 2,00, h. 23 x 2,00, Reifendruck v. 1,1 — h. 1,2.

Bremsen: Stahltrommeln, 90 mm ø.

Tankinhalt: 5 Ltr., Reserve 0,5 Ltr., Gemisch 1:25.

Verbrauch: Normverbrauch 1,5 Ltr./100 km.

Abmessungen: Länge 1770 mm, Breite 630 mm, Höhe 995 mm, Radstand 1230 mm, Bodenfreiheit 125 mm, Gewicht 33 kg.

Preis: DM 598,—.

Steuer: frei.

Versicherung: DM 6,— p. J.

Miele K 61 als „Torpedo"

TRIUMPH

Mit dem Bau von Motorrädern beginnen die Nürnberger Triumph-Werke bereits kurz nach der Jahrhundertwende. Nach dem Ersten Weltkrieg erscheint der erste Triumph-Zweitakter, ein erfolgreiches, zuverlässiges Motorrad, genannt Knirps. Nach dem Zweiten Weltkrieg spezialisieren sich die Triumph-Werke auf den Bau von Doppelkolben-Zweitaktern. Die Mopedproduktion beginnt 1953 und endet mit dem Verkauf der Triumph-Werke an Grundig 1957. Wegen der schlechten Absatzlage im Motorradgeschäft hat Grundig an diesem Geschäftszweig kein Interesse und stellt die Produktion ein.

Mit der englischen Marke Triumph sind die deutschen Triumph-Werke verwandt, weil Gründer des englischen Werkes auch bei der Gründung des deutschen 1896 beteiligt sind. Die zunächst enge Zusammenarbeit beider Firmen wird 1929 durch Trennung aufgelöst. Die Marke Triumph, 1986 von Olivetti übernommen, steht heute für Personalcomputer, Bildschirm-Schreibsysteme und Schreibmaschinen. Letztere werden bei Triumph übrigens schon 1911 in das Programm genommen, weil zu dieser Zeit eine allgemeine Absatzkrise im Motorradbereich Kapazität freiwerden läßt.

Triumph Knirps (Zweigang-Sachs) — 1955

Motor: Einzylinder-Zweitakt Sachs, Bohrung 38, Hub 42, Verdichtung 1:6, Dauerleistung 1 PS bei 4000 U/min., Höchstdrehzahl 4100 U/min.

Vergaser: Bing 1/9,5/42 52/2,08/Nr. 5.

Elektrische Anlage: Noris-Schwunglichtmagnetzünder ELZ 6/3L, 6 V 3 W, Kerze Bosch W 175 T 11, Gewinde M 14.

Getriebe und Antrieb: 2 Gänge, Drehgriffschaltung, Zweischeibenkupplung, Primärkette 1/2 x 3/16.

Rahmen: Einrohrrahmen, Drehstabschwinggabel.

Bereifung: v. 23 x 2,00, h. 26 x 2,00, Reifendruck v. 1,8 — h. 1,8.

Bremsen: Innenbackenbremsen, v. 100 mm ø, h. 90 mm ø.

Tankinhalt: 3 Ltr., Reserve 0,4 Ltr., Gemisch 1:25.

Verbrauch: Normverbrauch 1,5 Ltr./100 km.

Abmessungen: Länge 1190 mm, Breite 600 mm, Höhe 1000 mm, Radstand 1180 mm, Bodenfreiheit 180 mm, Gewicht 35,5 kg.

Preis: DM 560,—.

Steuer: frei.

Versicherung: DM 6,— p. J.

Triumph-Knirps von 1953

Triumph-Knirps mit Zweigang-Sachs-Motor

Knirps

Sicher und bequem soll das „motorisierte Fahrrad" sein, an dessen Entwicklung bei Triumph zu Beginn der fünfziger Jahre gearbeitet wird. Aber auch ein möglichst niedriger Anschaffungspreis und Wirtschaftlichkeit in der Unterhaltung sollen erreicht werden. Als das Moped Knirps 1953 schließlich vorgestellt wird, sind diese Entwicklungsziele in der Tat verwirklicht. Nur der festzulegende Verkaufspreis bereitet den Knirps-Machern noch Sorgen. Er wird zunächst auf 530 DM, dann auf 548 DM festgesetzt. Damit ist die Knirps zwar keineswegs zu teuer, gemessen an dem, was geboten wird; aber das Überschreiten der 500-DM-Grenze bedeutet zu diesem Zeitpunkt ein Handicap für den Verkauf.

Der ersten Knirps ist der Zündapp-Combinette-Motor in tiefer Schwerpunktlage eingebaut. Der Motor arbeitet außergewöhnlich leise, besonders mit dem Riemenantrieb. Er treibt über schrägverzahnte Stirnräder auf die Vorgelegewelle. Die eingebaute Dreiplattenkupplung wird immer dann zum Vorteil, wenn im Stadtverkehr angehalten werden muß, ohne den Motor abzustellen. Das Fahrgestell wird von dem starken Zentralrohr gebildet, das gleichzeitig als Ansauggeräuschdämpfer herangezogen wird. Das Zentralrohr ist übrigens eine Gemeinschaftsarbeit von Triumph, Hercules und Zündapp. Federelemente sind bei der ersten Knirps noch nicht eingebaut. Die im Kopf des Fahrgestells angebrachte Fahrradglocke wird vom Lenker aus betätigt, an dem sich außerdem rechts der Innenzug-Gasdrehgriff und der Bremshebel für das Vorderrad (Nabe mit Bremstrommel) befinden. Links ist der Kupplungshebel mit Kupplungssperre angebracht. Der Antrieb geschieht durch einen Gummikeilriemen. Der Scheinwerfer verfügt über eine 6-Volt/2,7-Watt-Lampe mit Einbaumöglichkeit für eine Taschenlampenbatterie als Notbeleuchtung. Der am hinteren Rahmen eingebaute Tank faßt 2,5 Liter. Größe der Reifen: 26 Zoll. Das 30 kg schwere Fahrzeug kann mittels Griff am Schwerpunkt auch im Treppenhaus transportiert werden. Die Lackierung ist einheitlich olivgrün.

1954 steigt der Preis auf 567 DM mit Riementrieb, und die Ausführung mit Kettentrieb ist für 575 DM zu haben. Wer einen Tachometer wünscht, legt noch 15 DM dazu. Im Oktober 1954 kommt die Knirps auch mit einem Zweigang-Sachs-Motor heraus, womit Triumph den gestiegenen Ansprüchen der Mopedkäufer entspricht. Der Motor ist harmonisch in den alten Rahmen eingefügt und wird von schwungvoll gezeichneten Blechschalen fast völlig verdeckt. Das bisherige Modell mit Zündapp-Motor wird weitergebaut. Am 1. Mai 1955 senkt Triumph die Preise: Die Knirps mit dem getriebelosen Zündapp-Motor wird jetzt für 495 DM und die Ausführung mit dem Zweigang-Sachs für 560 DM angeboten.

Fips

„Wem für ‚nen eleganten Wagen das Kleingeld fehlt – doch nicht der ‚Grips', gibt's auf, sich weiter abzuplagen und fährt ab morgen nur noch Fips", heißt es in einem Inserat der Triumph-Werke, die ihr neues Moped 1955 vorstellen. Als Motor dient der bewährte 47-ccm-Zweigang-Sachs. Der Vorderrahmen, der gleichzeitig als Tank ausgebildet ist, wird in Schalenbauweise gefertigt und wird ergänzt durch eine Drehstabfedergabel. Die Schutzbleche sind formschön verbreitert und mit seitlich angesetzten Verkleidungsblechen ausgestattet. Der Werkzeugkasten ist organisch eingebaut. Die Lackierung wird in Hellgrau-Dunkeloliv kombiniert. Was den Verbrauch betrifft, so wirbt Triumph mit dem Spruch: „Ein Kilometer kostet ja nur einen Pfennig. Wenn es also sein muß, dann trägt er sie sogar mit Sack und Pack für 20 Mark nach Italien und zurück." Die Fips-Typen werden bei Hercules gebaut und sind mit den Hercules-Mopeds identisch.

Triumph-Fips (Ende 1955)

Triumph Fips Standard — 1956

Motor: Einzylinder-Zweitakt Sachs, Bohrung 38, Hub 42, Verdichtung 1:[illegible], Dauerleistung 1 PS bei 4000 U/min, Höchstdrehzahl 4100 U/min.

Vergaser: Bing 1/12/22 D 56/ND 2,10/NS 3.

Elektrische Anlage: Bosch-Schwunglichtmagnet 6 V 17 W, Kerze Bosch W 175 T 11, Gewinde M 14.

Getriebe und Antrieb: 2 Gänge, Drehgriffschaltung, Zweischeiben-Korklamellenkupplung, Sekundärkette 1/2 x 3/16, Abstufung 1:2,55:1.

Rahmen: Tankrahmen, Preßstahlgabel mit Schleppschwinge.

Bereifung: v. 23 x 2,00, h. 23 x 2,00, Reifendruck v. 1,1 — h. 1,2.

Bremsen: Innenbackenbr., 90 mm ø.

Tankinhalt: 5 Ltr., Reserve 0,5 Ltr., Gemisch 1:25.

Verbrauch: Normverbrauch 1,5 Ltr./100 km.

Abmessungen: Länge 1770 mm, Breite 600 mm, Höhe 960 mm, Radstand 1140 mm, Bodenfreiheit 140 mm, Gewicht 34 kg.

Preis: DM 590,—.

Steuer: frei.

Versicherung: DM 16,— p. J.

Triumph Fips Export 1957

Motor: Einzylinder-Zweitakt Sachs, Bohrung 38, Hub 42, Verdichtung 1:6, Dauerleistung 1,25 PS bei 4000 U/min., Höchstdrehzahl 4100 U/min.

Vergaser: Bing 1/12 HD 54/ND 1517.

Elektrische Anlage: Schwunglichtmagnet 6 V 17 W, Kerze Bosch W 190 M 11 S, Gewinde M 14.

Getriebe und Antrieb: 2 Gänge, Drehgriffschaltung, Zweischeiben-Korklamellenkupplung, Sekundärkette 1/2 x 3/16, Abstufung 1:26,7:15,4.

Rahmen: Preßrahmen, Preßstahlgabel mit Schleppschwinge, Schwinggabel mit Federbeinen, Motor und Scheinwerferpartie verkleidet, Werkzeugkasten (verschließbar) über dem Hinterrad.

Bereifung: v. 23 x 2,00, h. 23 x 2,00, Reifendruck v. 2,25 — h. 2,25.

Bremsen: Innenbacken, 90 mm ø.

Tankinhalt: 5 Ltr., Reserve 0,5 Ltr., Gemisch 1:25.

Verbrauch: Normverbrauch 1,3 Ltr./100 km.

Abmessungen: Länge 1780 mm, Breite 640 mm, Höhe 965 mm, Radstand 1115 mm, Bodenfreiheit 140 mm, Gewicht ca. 43 kg.

Preis: DM 644,—.

Steuer: frei.

Versicherung: DM 16,— p. J.

Triumph-Fips Standard

Triumph-Fips Export

Ende 1955 wird die Vordergabel verändert. Sie ist jetzt aus Preßstahl gearbeitet und federt mittels gezogener Schwinge. Ein von Triumph selbst konstruierter Kindersitz wird angeboten, der mit ein paar Handgriffen leicht montiert werden kann und 13,60 DM kostet. Außerdem ist für 12,50 DM ein Beinschutz zu haben, der auch nachträglich anzubringen ist.

Zwischen „Export" und „Standard" kann man 1956 wählen, wenn man sich die Fips zulegen will. Beide Modelle werden weiterhin mit dem schön geschwungenen Schalentankrahmen und der interessanten Vorderrad-Schleppschwinge mit eingearbeiteter Federspirale angeboten. Die Standard-Ausführung bleibt hinten jedoch starr, während das Export-Modell eine Triebsatzschwinge mit Federbeinen besitzt. Der Scheinwerfer ist verkleidet, und über dem Hinterrad befindet sich ein abschließbarer Werkzeugkasten.

Triumph-Sportfips

Ebenfalls 1956 bringt Triumph die Sport-Fips auf den Markt, ein schickes Gefährt in schwarz-grüner Lackierung mit großem Sporttank und langem Sitzkissen. Die 23er Reifen sind auf Wunsch mit Weißwand zu haben. Als Antriebsquelle ist der Zweigang-Sachs eingebaut. Er ist beiderseits verkleidet, ebenso der Stahlrohrrahmen und die Kette, die über einen geschlossenen Kettenkasten verfügt. Wer als Käufer für die Sport-Fips in Frage kommt, definiert ein Werbetext: „Für nette kleine Mädchen ist zwar die Sport-Fips nicht gerade das geeignete Fahrzeug. Da gehören schon richtige Männer dazu. Das wird sie aber nicht davon abhalten, der Sport-Fips einen bewundernden Blick nachzuwerfen, denn für so ein sportliches und männliches Moped haben auch sie eine Schwäche."

Triumph Sportfips 1957

Motor: Einzylinder-Zweitakt Sachs, Bohrung 38, Hub 42, Verdichtung 1:6, Dauerleistung 1,25 PS bei 4100 U/min., Höchstdrehzahl 5500 U/min.

Vergaser: Bing 1/12 HD 56, ND 1517.

Elektrische Anlage: Schwungradlichtmagnet, 6 V 17 W, Kerze Bosch W 175 T 11, Gewinde M 14.

Getriebe und Antrieb: 2 Gänge, Drehgriffschaltung, Zweischeiben-Korklamellenkupplung, Sekundärkette 1/2 x 3/16, Abstufung 1:26,7:15,4.

Rahmen: Rohrrahmen, Schwinghebelgabel, Schwinge mit Federbeinen hinten.

Bereifung: v. 23 x 2,25, h. 23 x 2,25, Reifendruck v. 1,4, h. 1,8.

Bremsen: Vollnabenbremsen, Trommel ∅ 90 mm.

Tankinhalt: 9 Ltr., Reserve ca. 1 Ltr., Gemisch 1:25.

Verbrauch: Normverbrauch 1,3 Ltr./100 km.

Abmessungen: Länge 1770 mm, Breite 600 mm, Höhe 900 mm, Radstand 1140 mm, Bodenfreiheit 140 mm, Gewicht ca. 43 kg.

Preis: DM 698.—

Steuer: frei.

Versicherung: DM 16.— p. J.

UT

Von 1954 bis 1958 werden in der kleinen Motorradfabrik Schwenk & Schnürle in Stuttgart-Möhringen Mopeds produziert. Das kleine Werk kann auf eine jahrzehntelange Tradition verweisen, als es nach dem Zweiten Weltkrieg als erster deutscher Hersteller seine Motorräder mit Teleskop-Hinterradschwinge ausrüstet.

Bereits 1954 präsentiert UT das Moped Agi, als einziger deutscher Hersteller ein Moped mit Triebsatzschwinge: Hinterrad und Motor schwingen gemeinsam (wenn auch in entgegengesetzter Richtung) um eine Drehachse über dem Tretlager. Die Schraubenfeder ist gekapselt. Die Agi bietet noch weitere Vorzüge: sie verfügt über 23er Bereifung und wird von dem Zweigang-Sachs-Motor mit nur einer Kette angetrieben. Der Vorderkotflügel ist motorradmäßig gestaltet, die Kette geschützt. Lackierung: blau.

Die „Lilli", ein Nachfolgemodell ohne wesentliche Änderungen, betritt 1955 die Szene und ist mit dem Zweigang-Ilo-Motor (G 50) ausgestattet. 1956 bringt UT die Elfi I (hinten starr) und die Elfi II (hinten Zentralfeder) auf den Markt. Beide Modelle sind mit einem konventionellen Einrohrrahmen ausgestattet. Im gleichen Jahr erscheint auch noch die UT-Sport mit geschlossenem Rohrrahmen und Schwingarm mit Federbeinen. Sie ist zunächst einsitzig und wird 1958 auch zweisitzig angeboten. Bei dieser Version und der ebenfalls 1958 herausgegebenen Agi III S gibt es eine neue Langschwinggabel mit integriertem Scheinwerfer. Die Agi III S besitzt den Dreigang-Sachs-Motor und einen schwungvoll ausgebildeten Rahmentank.

UT-Agi

UT Agi — 1955

Motor: Einzylinder-Zweitakt Sachs, Bohrung 38, Hub 42, Verdichtung 1 : 6, Dauerleistung 1 PS bei 4000 U/min., Höchstdrehzahl 4100 U/min.

Vergaser: Bing 1/12/20 D 56/ND 2,10/NS 3.

Elektrische Anlage: Bosch-Schwungradlichtmagnet 6 V 3 W, Kerze Bosch W 175 T 11, Gewinde M 14.

Getriebe und Antrieb: 2 Gänge, Drehgriffschaltung, Zweischeiben-Korklamellenkupplung, Sekundärkette 1/2 x 3/16, Abstufung 1 : 2,89 : 1,77.

Rahmen: Tankrahmen, Schwinggabel, Triebsatzschwinge hinten.

Bereifung: v. 23 x 2,00, h. 23 x 2,00, Reifendruck v. 1,1 — h. 1,2.

Bremsen: F & S-Innenbackenbremsen.

Tankinhalt: 3 Ltr., Reserve 0,4 Ltr., Gemisch 1 : 25.

Verbrauch: Normverbrauch 1,5 Ltr./100 km.

Abmessungen: Länge 1820 mm, Breite 650 mm, Höhe 985 mm, Gewicht 32,4 kg.

Preis: DM 595,—.

Steuer: frei.

Versicherung: DM 6,— p. J.

UT-Lilli

Inserat mit UT-Agi III S

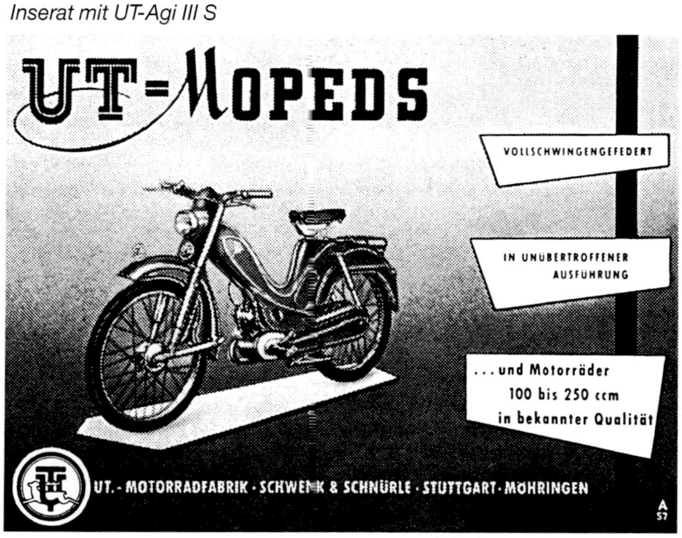

UT-Sport

Victoria Vicky I

VICTORIA

Mit Expreß und Hercules gehört Victoria zu den ältesten Fahrradfabriken. Im gleichen Jahr wie Hercules (1886) und ebenfalls in der späteren Zweiradmetropole Nürnberg gegründet, stehen zunächst nur Fahrräder im Programm: von Hochrädern zu Dreirädern und Niederradmodellen. Mofas baut Victoria noch vor der Jahrhundertwende, und 1905 werden sogar Automobile hergestellt. Gleich nach dem Ersten Weltkrieg beginnt die Konstruktion eigener Motoren, und 1920 entwickelt Victoria den berühmten Boxermotor (obengesteuert), den Vorläufer des BMW-Motors. Die Umstellung von Zweizylinder- auf Einzylinder-Motorräder (1929) mit geringeren Kubikzahlen wirkt sich positiv auf die Umsatzzahlen aus. Nach dem Zweiten Weltkrieg, in dem die Victoria-Werke stark zerstört werden, beginnt gleich 1945 der Wiederaufbau. Victoria erkennt als erster Hersteller in der Nachkriegszeit die Bedeutung des Hilfsmotors für breite Bevölkerungsschichten und befriedigt den Wunsch „Radfahren ohne zu treten" mit der Entwicklung des Fahrradhilfsmotors FM 38. Das Victoria-Topmodell Vicky III mit Tankrahmen und 23er Rädern kommt 1954 richtungsweisend auf den Markt. „Vicky" wird zu einem Weltbegriff. Aus Rationalisierungsgründen und mit Blick auf den europäischen Markt übernimmt Victoria 1958 die DKW-Produktion und schließt sich mit Expreß zur Zweirad-Union AG zusammen. Zu Recht mit großem Stolz wird 1961 das Jubiläum des 75jährigen Bestehens von Victoria gefeiert. Ein Jahr später jedoch übernimmt die Firma Faun die Aktienmehrheit der Zweirad-Union, und jetzt werden neben den Zweirädern auch Kleintransporter, Kehrmaschinen, Fahrerhäuser, Einachsanhänger und Bundeswehraufträge ins Programm genommen. 1966 werden unter der Regie von Fichtel & Sachs die Zweirad-Union und die Nürnberger Hercules-Werke zusammengeschlossen.

Vicky I

„Das kleine Ding ist nahezu ein Wunder", schreibt ein begeisterter Besitzer des Vicky-Einbaumotors FM 38 L im April 1950 an die Victoria-Werke. In der Tat ist dieser Motor eine gelungene Schöpfung, und 1954 sind bereits 150.000 Stück abgesetzt, davon etwa 70% im Ausland. Der FM 38, dessen Produktion gleich nach dem Zweiten Weltkrieg beginnt, ist an jedes beliebige, einigermaßen stabile Fahrrad anzubringen. Besonders die robusten Vorkriegsräder werden dazu benutzt, weil neue kaum zu haben sind. Der Motor hat ein fliegend gelagertes Pleuel, die Kurbelwange ist als Drehschieber für den Gaseinlaß nach dem Kurbelgehäuse ausgebildet. Die Kraftübertragung von der Kurbel- auf die Getriebewelle geschieht durch Zahnräder, die beiden Gänge und die Leerlaufstellung werden durch Spreizringkupplungen in den Getrieberädern geschaltet.

Das Moped Vicky I wird als Damen- und Herrenfahrrad geliefert. Der Motor ist an der Hinterradachse angebracht. Die Bereifung von 26 x 2 ist gegenüber einem normalen Fahrrad verstärkt. Das Rad wird einheitlich in Victoriagrau lackiert.

Victoria Vicky II

Vicky II

Gleich zu Beginn des offiziellen Mopedzeitalters 1953 bringt Victoria neben der Vicky I noch ein zweites Moped heraus. Die Vicky II ist mit einem Stahlrohrrahmen, Pendelgabel, Innenbackenbremsen vorn und Freilaufnabe hinten ausgestattet. Mit dem tief eingehängten Motor, dem Satteltank (Satteltank deshalb, weil der Tank wie ein Sattel auf dem mittleren Rahmenteil gelagert ist) und den verbreiterten Schutzblechen sieht die Vicky II jetzt wie ein „richtiges" Moped aus.

Victoria Vicky I

Vicky II — 1953

Motor:
Einzylinder-Zweitakt-Drehschieber-Motor FM 38 NL 2, Bohrung 35 mm, Hub 40 mm, Hubraum 38 ccm, Verdichtung 1:6, Leistung 1 PS bei 5150 U/min., schwimmerloser Victoria-Spezialvergaser.

Elektrische Anlage:
Umlauf-Lichtmagnet-Zünder 6 V, 3 W, Scheinwerfer, Rücklicht.

Kraftübertragung:
Zweiganggetriebe m. Handhebelbetätigung am Lenkrad, Spreizringkupplung, Kraftübertragung durch Rollenkette auf Hinterrad.

Fahrgestell:
Verwindungssteifer Rohrrahmen, druckgelötet, Federgabel.
Bereifung: 26×2.
Bremsen:
Bremstrommelvordernabe, Freilauf-Rücktrittbremse.
Kraftstoffbehälter:
Inhalt ca. 4,5 Ltr.
Kraftstoffnormverbrauch:
ca. 1,5 Ltr./100 km.
Steigfähigkeit (ohne Mittreten): ca. 10%.
Gewicht: 34 kg (ohne Hinterradständer und Gepäckträger).
Preis: DM 498.—.

Vicky-Motor FM 38 L — 1953

Motor:
Luftgekühlt. Einzylinder-Zweitakt-Drehschieber-Motor, Bohrung 35 mm, Hub 40 mm, Hubraum 38 ccm, Verdichtung 1:6, Leistung 1 PS bei 5150 U/min., schwimmerloser Victoria-Spezial-Vergaser.
Zündart:
Schwungrad-Lichtmagnetzünder 6 V, 3 W.
Antrieb:
2-Ganggetriebe, Lenkerschaltung, Spreizring-Kupplung, Kraftübertragung: Kette auf Hinterrad.
Kraftstoff und Schmierung:
Öl-Benzin-Gemisch 1:25.

Kraftstoffbehälter:
Inhalt ca. 3 Ltr. Mit Gepäckträger und Motorhaltestreben zusammengebaut.
Kraftstoffnormverbrauch:
1,5 Ltr./100 km.
Steigfähigkeit (ohne Mittreten): ca. 10%.
Gewicht:
11,5 kg (Motor mit Tank u. Zubehör). Gewicht des kompl. Rades (mit Beleuchtung): 33,0 kg.
Preis: Motor DM 270.—. Mit Herrenrad DM 467.—, mit Damenrad DM 472.—.

Vicky III/III N

Während die Vicky II eigentlich nur eine Übergangslösung ist, wird die Vicky III zu einem außerordentlich erfolgreichen Moped, das in seiner Bauzeit von 1954 bis 1956 insgesamt 152.645mal verkauft wird. Grundlage des Erfolges ist zum einen die neue Fahrgestellkonstruktion mit Rahmentank, Schwingfederung und 23er Reifen, zum anderen der neue Motor: Leichtmetallzylinder mit hartverchromter Lauffläche, Leichtmetallpleuel, starke Kupplung, Zweiganggetriebe mit Ziehkeilschaltung unter Benutzung von Kugeln, eingebauter Vergaser mit selbsttätig zurückgehender Kaltstartblende. Geschaffen ist der neue Motor M 50 ausschließlich für das Victoria-Moped Vicky III.

Vicky III — 1955

Motor: Einzylinder-Zweitakt Victoria, Bohrung 38, Hub 42, Verdichtung 1:6,4, Dauerleistung 1,74 PS bei 4900 U/min., Höchstdrehzahl 5000 U/min.

Vergaser: Bing-Startvergaser 1/10.

Elektrische Anlage: Noris-Schwungradlichtmagnet 6 V 3 W, Kerze Beru 175/u 2, Gewinde M 14.

Getriebe und Antrieb: 2 Gänge, Drehgriffschaltung, Dreischeiben-Korklamellenkupplung, Primärzahnrad, Abstufung 1:8,46:5,55.

Rahmen: Stahlblechtankrahmen, Schwinggabel.

Bereifung: v. 23 x 2,00, h. 23 x 2,00, Reifendruck v. 1,1 — h. 1,2.

Bremsen: v. Innenbackenbremse, 100 mm ø, h. Rücktrittbremse.

Tankinhalt: 2,8 Ltr., Gemisch 1:25.

Verbrauch: Normverbrauch 1,3 Ltr./100 km.

Abmessungen: Länge 1720 mm, Breite 620 mm, Höhe 900 mm, Radstand 1120 mm, Bodenfreiheit 100 mm, Gewicht 33 kg.

Preis: DM 575,—.

Steuer: frei.

Versicherung: DM 6,— p. J.

Victoria Vicky III

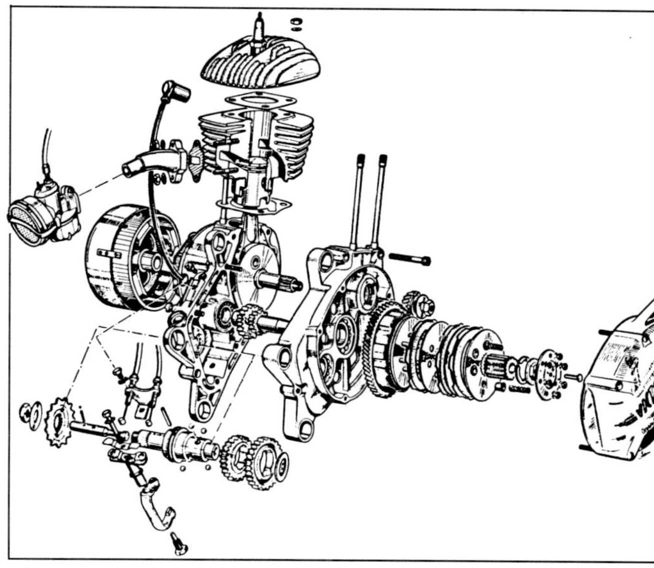

Aufbau und Teile des M 50

Die Vicky III N löst 1956 die Vicky III ab und wird bis Anfang 1959 in einer Auflage von 22.987 Stück verkauft. Die „N"-Type ist jetzt mit dem Victoria-Motor M 51 ausgerüstet, einem leisen Einkettenmotor mit Pedalkickstarter und bei Victoria selbst hergestellten Vollnabenbremsen.

Roller Victoria Nicky und Moped Vicky III

Vicky III N	1957
Motor: Einzylinder-Zweitakt Victoria, Zylinder aus Grauguß oder Leichtmetall mit hartverchromter Laufläche, Zylinderkopf aus Leichtmetall. Bohrung 38, Hub 42, Verdichtung 1:6, Dauerleistung 1,8 PS bei 4650 U/min., Höchstdrehzahl 5600 U/min. **Vergaser:** Bing-Startvergaser 1/0/41 mit Naßluftfilter. **Elektrische Anlage:** Noris-Schwungradlichtmagnet ELZJ 6/17 L oder Siba MZLX 3/6/17 L oder Romag ELZ 3/17, 6 V 17 W, Kerze Bosch W 190 M 11 S, Gewinde M 14. **Getriebe und Antrieb:** 2 Gänge, Drehgriffschaltung, Dreischeiben-Korklamellenkupplung, Primärzahnrad, Abstufung 1:8,46:5,55.	**Rahmen:** Stahlblech-Preßschalen-Konstruktion, Schwinggabel mit Gummidrehfeder. **Bereifung::** v. 23 x 2,00, h. 23 x 2,00, Felge Leichtmetall oder Stahl, Reifendruck v. 1,1 — h. 1,2. **Bremsen:** v. Vollnabenbr., 89 mm ø, h. Vollnaben mit Rücktrittbetätigung. **Tankinhalt:** 2,45 Ltr., Gemisch 1:25. **Verbrauch:** Normverbrauch 1,3 Ltr./100 km. **Abmessungen:** Länge 1800 mm, Breite 635 mm, Höhe 1010 mm, Radstand 1140 mm, Bodenfreiheit 110 mm, Gewicht ca. 39 kg. **Preis:** DM 495,—. **Steuer:** frei. **Versicherung:** DM 16,— p. J.

Victoria Vicky IV

Von Mai bis Dezember 1958 verändert sich die Bezeichnung Export in Standard, und es werden unter dieser Bezeichnung noch einmal 6.990 Mopeds der Marke Victoria IV abgesetzt. Die Standard erhält einen schlichten runden Scheinwerfer und ist wie die Export mit dem Victoria-Zweigangmotor (M 51) oder dem Victoria-Dreigangmotor (M 51 D) zu haben.

Victoria Vicky III N

Vicky IV/IV E

Im Dezember 1955 erscheint die Vicky IV, die bis Anfang 1957 produziert wird und eine Stückzahl von 72.511 erreicht. Zahlreiche Konstruktionsdetails machen dieses Moped zu einer der fortschrittlichsten Zweiradschöpfungen. Alle Antriebsteile werden durch Stoßdämpfer am Kettenrad geschont. Das Schwinggabellager liegt in wartungsfreien Silentblöcken. Die Schwingen- und Bremsenlager sind schmutz- und quietschfrei. Der Motor verfügt über erhöhte Elastizität und Beschleunigungskraft. Weitere Vorzüge des neuen Mopeds: eleganter Breitstrahlscheinwerfer, unter dem Sitz versteckter Luftpumpenplatz, Gepäckträger aus Preßstahl, geschlossener Kettenkasten, Vorrichtung für Kindersitz.

Die Victoria IV E (Exportausführung) wird ab Ende 1956 bis März 1958 insgesamt 42.893mal hergestellt. Diese Exportversion, die natürlich auch auf dem deutschen Markt angeboten wird, bietet größten Mopedkomfort. Neu sind der starke Gepäckträger und das Steuerkopfschild, wodurch die Leitungen und Züge zusammengefaßt und verdeckt sind. Auf Wunsch ist die Export auch mit Dreiganggetriebe und Weißwandreifen lieferbar.

Victoria Vicky IV E

Vicky IV	1957
Motor: Einzylinder-Zweitakt Victoria, Zylinder aus Grauguß oder Leichtmetall mit hartverchromter Lauffläche, Zylinderkopf aus Leichtmetall, Bohrung 38, Hub 42, Verdichtung 1:6,5, Dauerleistung 1,8 PS bei 4650 U/min., Höchstdrehzahl 5600 U/min. **Vergaser:** Bing-Startvergaser 1/10 mit Naßluftfilter. **Elektrische Anlage:** Noris-Schwungradlichtmagnet ELZJ 6/17 L oder Siba MZL 3/6/17 oder Romag ELZ 6/17 6 V 17 W, Kerze Bosch W 190 M 11 S, Gewinde M 14. **Getriebe und Antrieb:** 2 Gänge, Kugel-Ziehkeilschaltung mit Drehgriffbetätigung, Dreischeiben-Korklamellenkupplung, Primärzahnrad, Abstufung 1:8,46:5,55.	**Rahmen:** Stahlblech-Preßschalen-Konstruktion mit Hinterradschwinge und Federbeinen, Schwinggabel mit Gummidrehfeder. **Bereifung:** v. 23 x 2,00, h. 23 x 2,00, **Felgen:** Leichtmetall oder Stahl, Reifendruck v. 1,1 — h. 1,2. **Bremsen:** v. Vollnabenbr., 89 mm ø, h. **Vollnabenbremse mit Rücktrittbetätigung, Steckachse hinten.** **Tankinhalt:** 3,4 Ltr., Gemisch 1:25. **Verbrauch:** Normverbrauch 1,3 Ltr./100 km. **Abmessungen:** Länge 1800 mm, Breite 600 mm, Höhe 950 mm, Radstand 1165 mm, Bodenfreiheit 115 mm, Gewicht ca. 46 kg. **Preis:** DM 595,—. **Steuer:** frei. **Versicherung:** DM 16,— p. J.

Victoria Tory

Als preiswerte Alternative bringt Victoria 1956 die Tory auf den Markt. Ein anspruchsloses, aber solides „Volksmoped" mit dem Vicky-III-Motor M 50 und trotz des geringen Preises mit Langschwingengabel und Federbeinen vorn ausgestattet. 1957 wird die Tory mit Einganggetriebe für nur 395 DM angeboten. 1958 kostet das gleiche Modell 425 DM und als Dreigangausführung 450 DM.

Victoria Vicky-Luxus

Victoria Tory

Vicky Luxus — 1958

Motor: Einzylinder-Zweitakt Victoria, Grauguß oder Leichtmetall-Zylinder mit hartverchromter Lauffläche, Zylinderkopf aus Leichtmetall, Bohrung 38 mm, Hub 42 mm, Verdichtung 1 : 6,5.

Vergaser: Bing - Startvergaser mit Naßluftfilter.

Elektrische Anlage: Bosch-Schwungrad-Lichtmagnetzünder.

Getriebe: 2, und auf Wunsch 3 Gänge, Ziehkeilschaltung mit Drehgriffbetätigung, Dreischeiben-Kork-lamellenkupplung.

Rahmen: Stahlblech - Preßschalen-Konstruktion, Vordergabel aus Profilrohr, Vorderradfederung Schwingarme und Gummidrehfeder, Hinterradfederung Schwingarme und 2 Federbeine, Tank im Rahmen eingebaut.

Bereifung: vorn und hinten 23 x 2 (Moped), Felgen vorn und hinten 23 x 2.

Bremsen: vorn und hinten mechan. Innenbackenbremse 89 mm ⌀.

Tankinhalt: 3,4 l, Gemisch 1 : 25.

Verbrauch: Normverbrauch 1,3 l/ 100 km.

Abmessungen: Länge 1820 mm, Breite 620 mm, Höhe 1030 mm, Radstand 1160 mm, Bodenfreiheit 125 mm, Gewicht 50 kg, zul. Gesamtgewicht 135 kg.

Preis: DM 690,—.

Steuer: frei.

Versicherung: DM 16,— p. J.

Victoria Tory — 1957

Motor: Einzylinder-Zweitakt Victoria, Bohrung 38, Hub 42, Verdichtung 6 : 1, Dauerleistung 1,35 PS bei 4630 U/min. Höchstdrehzahl 5150 U/min.

Vergaser: Bing 1/10/45 mit Startvorrichtung und Naßluftfilter.

Elektrische Anlage: Noris-Schwunglichtmagnetzünder ELZJ 6/17 L oder Siba MZLX 3/6/17 L oder Romag ELZ 6/17, 6 V 17 W, Kerze Bosch W 190 M 11 S, Gewinde M 14.

Getriebe u. Antrieb: 1 oder 2 Gänge, Kugel-Ziehkeilschaltung mit Drehgriffbetätigung, Dreischeiben-Lamellenkupplung, Kraftübertragung Motorgetriebe durch schrägverzahnte Stirnräder. Abstufung 1:2,73, 1:1,412.

Rahmen: Zentralrohrrahmen, starr, Vorderradfederung langarmige Schwinggabel mit Federbeinen.

Bereifung: v. 23 x 2,00, h. 23 x 2,00, Felgen Leichtmetall oder Stahl auf Wunsch.

Bremsen: vorn Innenbackenbremse 100 mm ø, hinten Freilauf-Rücktrittnabe mit Rücktrittbetätigung.

Tankinhalt: ca. 5 Ltr., Gemisch 1:25.

Verbrauch: ca. 1,3 Ltr./100 km Normverbrauch.

Abmessungen: Länge 1800 mm, Breite 640 mm, Höhe 1000 mm, Radstand 1140 mm, Bodenfreiheit 130 mm, Gewicht ca. 42 kg.

Preis: DM 395,—.

Steuer: frei.

Versicherung: DM 16,— p. J.

Vicky Luxus

Auch bei diesem Vicky-Modell, das 1958 erscheint, bleiben die Konstrukteure von Victoria bewußt bei der bewährten Vicky-Linie. Außer verschiedenen technischen Detailveränderungen bietet die Luxus eine schicke zweifarbige Lackierung, die die Bezeichnung Luxus rechtfertigt. Chromstreifen, Chrombügel und Weißwandreifen sind hinzugekommen. Als Motor dient der Victoria M 51 wahlweise ein Zwei- oder Dreiganggetriebe.

Victoria Preciosa

Die Begründung zum Bau dieses Moped-Rollers liefert Victoria in einem Prospekt: „Täglich gehen bei uns Hunderte von Zuschriften ein mit begeisterten Anerkennungen, aber auch Briefe, in denen uns Anregungen für unsere künftige Fertigung gegeben werden. Wir prüfen alles und ziehen daraus die Quintessenz. ‚Preciosa' wurde nach diesen Grundsätzen konstruiert." 1958 ist es soweit, der Moped-Roller kommt in den Handel. Angetrieben wird er von dem über 100.000fach erprobten Vicky-Motor mit Zwei- oder Dreiganggetriebe (M 51). Hauptmerkmal der Preciosa ist die Ganzstahlkarosserie mit den extrabreiten Schutz- und Beinblechen. Die Abfederung des Vorder- und Hinterrades besorgen Langschwingen, in Silentblock gelagert und an Federbeinen abgestützt. Innenbacken-Vollnabenbremsen gibt es für beide Räder sowie Ballonbereifung 23 x 2,25 mit Weißwanddecken. Drei verschiedene Farbkombinationen stehen zur Wahl: Victoriablau mit Pastell, Reseda mit Olivgrün, Korallenrot mit Elfenbein.

Victoria Preciosa

Avanti 1957

Motor: Einzylinder-Zweitakt Victoria, Zylinder aus Grauguß oder Leichtmetall mit hartverchromter Lauffläche, Zylinderkopf aus Leichtmetall, Bohrung 38 mm, Hub 42 mm, Verdichtung 6 : 1, Dauerleistung 1,45 PS bei 4650 U/min, Höchstdrehzahl 5600 U/min.

Vergaser: Bing-Startvergaser 1/10/41 mit Naßluftfilter.

Elektrische Anlage: Bosch-Schwungrad-Lichtmagnetzünder.

Getriebe u. Antrieb: 2, auf Wunsch 3 Gänge, Kugel-Ziehkeilschaltung mit Drehgriff-Betätigung, Dreischeiben-Lamellenkupplung, Kraftübertragung Motor-Getriebe durch schrägverzahnte Stirnräder. Abstufung: 1:8,46:5,55.

Rahmen: Stahlblech - Preßschalen-Konstruktion, Satteltank, Hinterradschwinge mit Federbeinen, Vorderradfederung: Schwingarme mit progressiv wirkenden Druckfedern, Doppelsitzbank.

Bereifung: v. 23 x 2,25, h. 23 x 2,25, Felgen: Leichtmetall od. Stahl a. W.

Bremsen: v. Vollnabenbr., h. Vollnabenbr., mit Rücktritt-Betätigung.

Tankinhalt: ca. 8,4 l, Gemisch 1 : 25.

Verbrauch: Normverbrauch ca. 1,3 l/100 km.

Abmessungen: Länge 1810 mm, Breite 550 mm, Höhe 845 mm, Radstand 1150 mm, Bodenfreiheit 155 mm, Gewicht ca. 58 kg.

Preis: DM 695,—.

Steuer: frei.

Versicherung: DM 16,— p. J.

Victoria Avanti

Die Sportmopeds, die ab 1956/57 auf den Markt drängen, müssen als reine Liebhaberfahrzeuge betrachtet werden. Sie sind relativ teuer und mit dem schmalen Lenker und dem Renntank recht unbequem. In den meisten Fällen fehlt der Gepäckträger für die Akten- oder Einkaufstasche. Aber sie werden gekauft, fast ausschließlich von jungen Männern, weil sie rassig und sportlich wirken. Das Sportmoped der Vicky-Familie heißt Avanti. Es verfügt über den Victoria-Motor M 51 mit Zwei- oder Dreiganggetriebe. Das Fahrgestell bildet ein stabiler, aus zwei Hälften geschweißter Schalenrahmen mit kräftiger Hinterradschwinge mit Federbeinen und Kurzschwinggabel vorn. Die Avanti wird in Rot-Schwarz oder Blau-Beige lackiert. Nach dem Zusammenschluß zur Zweirad-Union 1958 bekommt die Avanti die Zusatzbezeichnung Duo, obwohl auch die Ausführung von 1956 bereits über eine Doppelsitzbank verfügt.

Victoria-Avanti

Vicky Superluxus

Ein bestechend schickes Gefährt ist die Superluxus (siehe die Farbabbildungen), die von vornherein als Zwei-Personen-Moped konzipiert ist. Sie kommt nach dem Zusammenschluß zur Zweirad-Union 1959 auf den Markt und wird bis in die sechziger Jahre gebaut. Die Superluxus verfügt über das Victoria-Dreiganggetriebe (nur die ersten Ausführungen werden auch mit Zweiganggetriebe angeboten), ein Preßschalenrahmen mit Profilrohrgabel und Langschwingen vorn und hinten. Weitere Ausstattungsmerkmale: Chrombügel am vorderen Schutzblech, breite Zierblenden am Rahmen, Chromfelgen, Gepäckträger und Diebstahlsicherung.

Vicky Super Luxus 1960

Motor: Einzylinder-Zweitakt Victoria, Grauguß oder Leichtmetall-Zylinder mit hartverchromter Lauffläche, Zylinderkopf aus Leichtmetall, Bohrung 38 mm, Hub 42 mm, Verdichtung 1:6,5.

Vergaser: Bing 1/10.

Elektrische Anlage: Bosch-Schwungrad-Lichtmagnetzünder, Zündkerze Bosch W 190, Champion L 86.

Getriebe: 3 Gänge, Ziehkeilschaltung mit Drehgriffbetätigung, Dreischeiben-Korklamellenkupplung.

Fahrwerk: Stahlblech-Preßschalen-Konstruktion, Vordergabel aus Profilrohr, Schwingarme und Federbeine vorn und hinten, Tank im Rahmen eingebaut.

Bereifung: vorn und hinten 23-2,5 Motortyp.

Bremsen: vorn und hinten mechan. Innenbackenbremse 120 mm Ø.

Tankinhalt: 5,1 l, Gemisch 1:25.

Verbrauch: Normverbrauch 1,3 l/100 km.

Abmessungen: Länge 1870 mm, Breite 620 mm, Höhe 975 mm, Radstand 1160 mm, Bodenfreiheit 125 mm, Gewicht 60 kg, zul. Gesamtgewicht 218 kg.

Preis: DM 830,—.

Steuer: frei.

Versicherung: DM 20,—.

Victoria-Vicky-Superluxus aus der Sammlung Udo Hönicke, Frankfurt

Vicky Standard

Ein kompaktes Moped mit Doppelsitzbank bringt die Zweirad-Union 1960 heraus, es ist bis auf einige Details identisch mit der DKW-Hummel-Super, die ebenfalls von der Zweirad-Union vertrieben wird (siehe unter „DKW").

Victoria Vicky-Standard (60er Jahre)

Victoria 115

Victoria 115

Auch dieses schnittige, aufwendige Gefährt wird von der Zweirad-Union unter den Markenbezeichnungen DKW und Victoria gleichzeitig und baugleich angeboten. Im Volksmund „Blechbanane" genannt, findet die 115 keine große Resonanz, da hilft auch nicht der gutgemeinte Spruch in einem Katalog: „Neuestes Mokick mit gewaltiger Blech-Architektur, wird durchaus auch von gereifteren Persönlichkeiten erworben." (Siehe auch Farbabbildungen unter „DKW".)

Victoria 115 — 1961

Motor: Einzylinder-Zweitakt, mit Gebläse-Kühlung, Bohrung 40 mm, Hub 39 mm, Verdichtung 7,5:1, Dauerleistung 2 PS bei 4950 U/min. Höchstdrehzahl 5700 U/min., Höchstgeschwindigkeit 40 km/h.

Vergaser: Bing-Startvergaser 1/12/41 mit Naßluftfilter.

Elektrische Anlage: Bosch-Schwungrad-Lichtmagnetzünder, Zündkerze Champion L 86, Beru 190/14 S.

Getriebe und Antrieb: 3 Gänge, Fußschaltung, Kickstarter, Dreischeiben-Lamellenkupplung, Kraftübertragung Motor-Getriebe durch schrägverzahnte Stirnräder.

Fahrwerk: Stahlblech-Preßschalen-Konstruktion, Langarmschwinge mit Federbeinen vorn und hinten.

Bereifung: v. u. h. 20 x 2,75 Moped.

Bremsen: Vollnabenbremsen 120 mm Ø.

Tankinhalt: 6,5 l Gemisch 1:25.

Verbrauch: Normalverbrauch 1,6 l/100 km.

Abmessungen: Länge 1900 mm, Höhe 965 mm, Radstand 1245 mm, Eigengewicht 74 kg, zul. Gesamtgewicht 225 kg.

Steuer und Zulassung: frei, Führerschein V.

Versicherung: DM 20,— p. J.

ZÜNDAPP

In der Zweiradmetropole Nürnberg gründet der bayerische Unternehmer Fritz Neumeyer 1917 die „Zünder- und Apparatebau-GmbH". 1921 beginnt der Motorradbau mit einfachen Zweitaktern, die sich wegen hoher Qualität und günstiger Preise gut verkaufen. Viertakter folgen 1930 mit Python-Motoren aus England. Die K-Motoren stehen ab 1933 zur Verfügung, die von Richard und Xaver Küchen konstruiert wurden. Vom 200-ccm-Zweitakter bis zum 800-ccm-Viertakt-Boxermotor werden in der Folgezeit alle gängigen Hubräume bei Zündapp angeboten. Im Zweiten Weltkrieg liefert Zündapp ein schweres Wehrmachtskrad mit Seitenwagen. Das 750-ccm-Gefährt bringt 400 kg auf die Waage und erreicht mit seinen 26 PS eine Höchstgeschwindigkeit von 95 km/h. 1949 beginnt die Nachkriegsproduktion mit einem 200-ccm-Zweitakter und der KS 600, die schon von 1938 bis 1941 gebaut wurde. Bis 1958 werden noch verschiedene Zweitaktmodelle entwickelt, wie Norma, Elastic und Trophy, und die Viertaktmaschinen KS 601 und KS 601 Sport. Der erfolgreiche Motorroller „Bella" kommt auf den Markt und der Kleinwagen „Janus" erregt Aufsehen. Danach konzentrieren sich die Zündapp-Werke, die seit 1958 ausschließlich in München produzieren, vorwiegend auf 50-ccm-Maschinen. Damit werden nicht nur im internationalen Geländesport große Erfolge erzielt, auch der Verkauf floriert. Marktanteile gehen erst verloren, als die Italiener und Japaner mit der Macht ihrer Preispolitik auf den internationalen und besonders auch den deutschen Markt drängen. Wegen ihrer hohen Qualität können sich die Münchner, die inzwischen zur Bosch-Gruppe gehören, lange gegen den ausländischen Konkurrenzdruck zur Wehr setzen. 1984 allerdings ist Schluß mit der traditionsreichen Firma, die Konkurs anmeldet. Eine chinesische Fahrradfabrik erwirbt für 15 Millionen DM die Anlagen, die nach Fernost transportiert werden. Nachdem Maico bereits ein Jahr zuvor aufgegeben hatte, sind jetzt nur noch Hercules und BMW auf dem deutschen Markt.

Das Zündapp-Werk in München wird 1950 bezogen. Dort werden Nähmaschinen hergestellt und gleichzeitig wird die Entwicklung eines Fahrradmotors in Gang gesetzt. Ende 1952 ist der Zündapp-Combimot produktionsreif. Der einfache, robuste 6,5-kg-Motor, der als Vorder- und Hinterradantrieb verwendet werden kann, schafft mit Fahrrad und Fahrer eine Steigung von 12%. Damit gilt der Combimot als

Zündapp-Combimot KM 48/5

idealer Antrieb für das motorisierte Fahrrad. Dieser „KM 48", der Ähnlichkeiten mit dem zwanzig Jahre zuvor entstandenen Blockmotor B 170 zeigt, erweist sich als zukunftsträchtig. Konstruktive Details bleiben lange gültig. Die Bezeichnung Combimot deutet an, daß dieser Motor nicht nur für Fahrräder, sondern vielseitig verwendet werden soll. Bereits 1953 werden 100.000 Combimot-Motoren hergestellt.

Der Combimot KM 48 hat bei 38 mm Bohrung und 42 mm Hub einen Hubraum von 48 ccm und eine Verdichtung von 1:5,5. Der Leichtmetallzylinder ist mit hartverchromter Laufbahn versehen; das Leichtmetallpleuel trägt dazu bei, daß die hin- und hergehenden Massen möglichst gering sind. Von der kräftig gelagerten Kurbelwelle wird die Leistung über geräuscharm laufende, schrägverzahnte Stirnräder auf die Welle der Jurid-Dreischeiben-Trockenkupplung und von hier je nach Wunsch durch Kette oder Keilriemen auf das Hinterrad übertragen. Der Motor ist mit Bing- oder Pallasvergaser (Durchlaß 10 mm), mit Schwimmer und Luftfilter ausgestattet. Die Elektroanlage besteht aus einem Noris-Zündmagneten mit Lichtspule, 3 Watt, 6 Volt, und auf Wunsch ist eine 15-Watt-Anlage gegen Aufpreis erhältlich. Tankinhalt: 2,5 Liter, Gewicht ohne Aufhängung 6,5 kg, Verbrauch ca. 1,2 bis 1,5 Liter. Drei Typen werden angeboten: KM 48/3 mit Aufhängung, die über dem Vorderrad angebracht wird. Antrieb: Gummikeilriemen. KM 48/5 mit Aufhängung am Tretlager. Antrieb: Wahlweise Kette oder Gummikeilriemen. Typ KM 48/6 mit Aufhängung, die links neben dem Hinterrad angebracht wird. Antrieb: Kette. Außerdem wird der Combimot als Außen- und Seitenbordmotor und als stationärer Motor für Land- und Forstwirtschaft, Forschung und Technik angeboten. Er ist natürlich steuer-, führerschein- und zulassungsfrei und einfach in Bedienung und Pflege.

Combinette-Motor auseinandergezogen

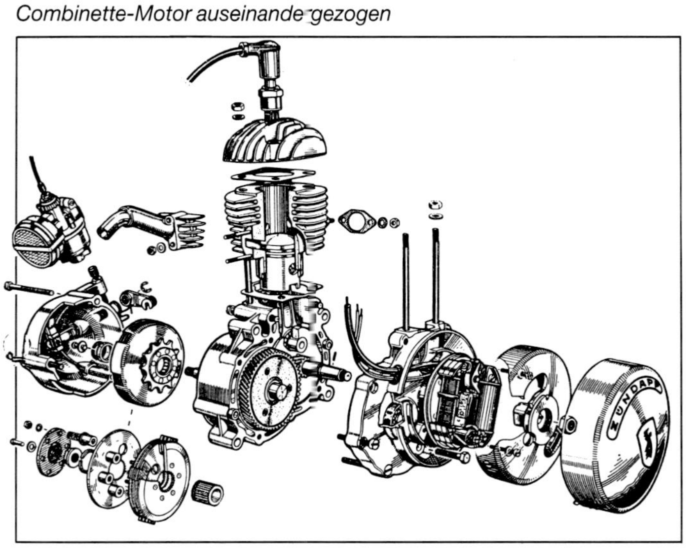

Zündapp-Combimot KM 48/3

Combinette

„Als die Combinetten herauskamen, stand wohl gleich fest, daß es kein anderes Moped gab, das mit so viel Liebe gebaut war" schwärmte 1954 die Zeitschrift „Das Moped". Anspruchsvolle Käufer sollten von der „schlicht-schönen Linienführung" angesprochen werden. Bei der Zündapp-Werbung war sogar zu lesen: „Die rassige Form in modernem Anthrazit-Silbergrau ergibt ein schmissig-elegantes Fahrzeug, auf das Sie stolz sein können." Die Combinette kann sich in der Tat sehen lassen: Leichtmetallfelgen, glatte Hutmuttern, verchromter Scheinwerfer mit Tacho, verchromte Umhüllung der elektrischen Leitung, Diebstahlschloß im Lenkkopf, weitgehend verschalter Motor mit unsichtbarem Vergaser, Kleiderschutz am Hinterrad und ein tief heruntergezogener Einrohrrahmen.

Der durchgezogene Einrohr-Zentralrahmen ist klar aufgebaut. Das Sattelrohr ist sehr hoch gezogen, die Sattelhöhe verstellbar, ebenso die Sattelfederung. Die Vorderradfederung, eine Pendelgabe von Lutz, hat ein Drehstabbündel in der Schwenkachse. Die Bremsen sind ausreichend: Vorderradnabe mit Trommelbremse und Hinterrad-Rücktrittsbremse. Der Scheinwerfer verfügt über einen Unterbrecherknopf zum Abstellen des Motors. Der körpergerechte Lenker ist rechts mit Innenzug-Gasdrehgriff und Bremshebel versehen und links befindet sich der Kupplungshebel mit Sperre für Fahren ohne Motor und der Klingelhebel. Gebaut wird die erste Combinette 1953 und 1954.

Combinette 1953

Motor:
Luftgekühlter Einzylinder-Zweitakt-Motor KM 48, Bohrung 38 mm, Hub 42 mm, Hubraum 48 ccm, Verdichtung 1:5,5, Leistung 1,3 PS bei 4800 U/min., Bing-Vergaser 1/10 oder Pallas-Vergaser 8/12 Z.

Elektrische Anlage:
Noris-Zündlichtanlage 6 V 3 W (a. W. 6 V 15 W gegen Aufpreis). Scheinwerfer, Rücklicht.

Kraftübertragung:
Ein-Ganggetriebe, Dreischeiben-Trockenkupplung, Rollenkette od. Gummikeilriemen auf Hinterrad.

Fahrgestell:
Geschlossener Einrohrrahmen, Vorderrad-Federgabel.

Bremsen:
Vordernabenbremse, Freilauf-Rücktrittnabe.

Bereifung: 26×2.00.

Kraftstoffbehälter:
Inhalt 2,5 Ltr.

Kraftstoffnormverbrauch:
1,2 Ltr./100 km.

Steigfähigkeit (ohne Mittreten): 10%.

Gewicht: ca. 30 kg.

Preis: DM 548.— (mit Keilriemen ohne Federgabel, Aufpreis für Kettenantrieb DM 8.—, für Federgabel DM 14.—).

Combinette von 1953 mit Kettentrieb

Combinette 400, 401, 402, 403

Eine neue Combinette erscheint bereits 1954. Die Schutzbleche sind vorn breiter geworden und schwingen unten leicht aus. Der vorn auf dem Rahmen angebrachte Tank läßt die Combinette kompakter erscheinen. Lieferbar ist die neue Combinette aber auch noch mit dem Tank unter dem Sattel. Bei der Version mit dem Tank vorne ist der Kasten unter dem Sattel als Gepäckraum ausgebildet. Die Reifen weisen jetzt 23 Zoll auf. Die Motorleistung ist auf 1,5 PS gestiegen und noch immer hat der Käufer die Möglichkeit, unter Ketten- oder Riementrieb zu wählen. Wenn die Kette nicht sehr straff gespannt ist, klappert sie häufig beim Start, so daß der Riementrieb hier Vorteile bietet. Außerdem erzeugt er keinen Schmutz und schließt Vibrationen aus. Diese Baureihe wird 1954 und 1955 produziert.

Combinette 400 — 1955

Motor: Einzylinder-Zweitakt Zündapp, Bohrung 39, Hub 41,8, Verdichtung 1:6,5, Dauerleistung 1,5 PS bei 4500 U/min., Höchstdrehzahl 4500 U/min.
Vergaser: Bing-Startvergaser.
Elektrische Anlage: Noris-Zündmagnet 6 V 3 W, Kerze W 175 T 11, Gewinde M 14.
Getriebe und Antrieb: 1 Gang, Drehgriffschaltung, Dreischeiben-Korklamellenkupplung, Sekundärkette 1/2 x 3/16.
Rahmen: Einrohrrahmen, Pendelgabel.
Bereifung: v. 23 x 2,00, h. 23 x 2,00, Reifendruck v. 1,1 — h. 1,2.
Bremsen: Vollnabenbremse, Rücktrittbremse hinten.
Tankinhalt: 5,3 Ltr., Reserve 0,5 Ltr., Gemisch 1:25.
Verbrauch: Normverbrauch 1,25 Ltr./100 km.
Gewicht: 33 kg.
Steuer: frei.
Versicherung: DM 6,— p. J.

Für 19,50 DM ist dieser Lenker-Gepäckträger erhältlich, der aus nahtlosem Stahlrohr gebogen ist

Combinette von 1955 mit Briefträger

Combinette 404, 405, 406

Die 404 und 406 werden 1954 und 1955 gebaut. Die 405 verfügt über eine kurze Vorderradschwinge und wird 1955 und 1956 angeboten. Alle drei Modelle sind nur noch mit Kettentrieb lieferbar und werden von dem neuen Zweigangmotor angetrieben. Die Zündapp-Werbung will mit dem Zweigangmoped die sportlich fahrende Jugend und den Mopedfahrer im Bergland ansprechen und verspricht, daß der Motor „wie ein Bulle zieht". Das auf der Antriebswelle frei drehbare Innenzahnrad des Planetengetriebes kann durch den Schalthebel für beide Gänge seitlich verschoben werden, wobei Ansätze an diesem Rad in Stifte am großen Rad oder in die verzahnte Bohrung eines am Gehäuse angeschraubten Bleches greifen. Im ersten Fall werden die Trabantenräder gesperrt, die Antriebswelle läuft mit dem großen Zahnrad um (großer Gang). Im zweiten Fall zwingt das große Zahnrad die Trabantenräder, um das feststehende Innenzahnrad umzulaufen; die Antriebswelle dreht sich mit entsprechender Untersetzung (kleiner Gang).

Combinette 404 — 1955

Motor: Einzylinder-Zweitakt Zündapp, Bohrung 39, Hub 41,8, Verdichtung 1:6,5, Dauerleistung 1,8 PS bei 5000 U/min., Höchstdrehzahl 5000 U/min.

Vergaser: Bing-Startvergaser.

Elektrische Anlage: Noris-Zündmagnet 6 V 3 W (17 W), Kerze Bosch W 175 T 11, Gewinde M 14.

Getriebe und Antrieb: 2 Gänge, Drehgriffschaltung, Dreischeibentrockenkupplung, Abstufung 1:3,72:5,38, Sekundärkette 1/2 x 3/16.

Rahmen: Zentralrohrrahmen, Pendelgabel.

Bereifung: v. 23 x 2,00, h. 23 x 2,00, Reifendruck v. 1,1 — h. 1,2.

Bremsen: Vollnabenbremsen.

Tankinhalt: 5,3 Ltr., Gemisch 1:25.

Verbrauch: Normverbrauch 1,4 Ltr./100 km.

Gewicht: 33 kg.

Preis: DM 585,—.

Steuer: frei.

Versicherung: DM 6,— p. J.

Combinette Typ 412

Combinette 407 bis 412

Diese Baureihe ist wieder mit dem Einganggetriebe mit 1,5 PS ausgestattet. Die 407 ist ein Lastenmoped, das 1956 und 1957 gebaut wird. Die 408 und die 410 haben den Tank hinten, die 409 vorn. Die 411 ist mit Riementrieb lieferbar, der Tank befindet sich hinten. 408 bis 411 werden 1954 und 1955 gebaut. Die 412 wird von einer Kette angetrieben, verfügt über die Vorderradschwinge und wird 1956 und 1957 produziert.

Combinette Typ 422

Combinette 422

Die 422 ist das erste Zündapp-Moped mit Hinterradschwinge. Die wartungsfreien Schwingarme werden in Schraubgewinden mit flacher Steigung verwindungssteif geführt, womit das seitliche Ausbrechen der Räder, besonders in Lenksituationen, vermieden wird. Die 422 ist wieder mit dem Zweiganggetriebe ausgestattet und wird von 1956 bis 1958 gebaut. Der 5,3-Liter-Tank reicht für eine Fahrt von etwa 350 km. Der Zweigang-Combimot hat Pedalkickstart: Antreten im Stand; die Tretkurbel ist gleichzeitig Kickstarter. Der Kolben wurde weiterentwickelt: Die Sonderlegierung hat besonders niedrigen Ausdehnungswert und ist verschleißfester. Die Kolbenaugen sind durch kräftige Rippen nach unten gegen das Kolbenhemd abgestützt. Im Deckel des verschließbaren Gepäckbehälters befindet sich die Werkzeugausrüstung, klapperfrei von Gummibändern gehalten. Im Behälterraum ist die Luftpumpe untergebracht und viel Platz für Utensilien, die man mitnehmen möchte.

Combinette 422 — 1957

Motor: Einzylinder-Zweitakt Zündapp, Bohrung 39, Hub 41,8, Verdichtung 1:6,5, Dauerleistung 1,5 PS bei 4200 U/min.

Vergaser: Bing-Startvergaser.

Elektrische Anlage: Noris-Zündmagnet 6 V 17 W, Kerze Bosch W 190 M 11 S, Gewinde M 14.

Getriebe und Antrieb: 2 Gänge, Drehgriffschaltung. Dreischeiben-Korklamellenkupplung, Sekundärkette 1/2 x 3/16.

Rahmen: Einrohrrahmen, Schwinggabel, hinten Schwinge mit Federbeinen.

Bereifung: v. 23 x 2,25, h. 23 x 2,25, Reifendruck v. 1,2 — h. 1,6.

Bremsen: Vollnabenbremse, Trommel 90 mm ø.

Tankinhalt: 5,3 Ltr., Reserve 0,5 Ltr., Gemisch 1:25.

Verbrauch: Normverbrauch 1,5 Ltr./100 km.

Gewicht: 44 kg.

Preis: DM 621.—.

Aufpreis für Spezial-Superballonreifen mit Schraderventil DM 8,—, für Tachometer DM 20,—.

Steuer: frei.

Versicherung: DM 16,— p. J.

Combinette S 423

Abgesehen von dem neuen Druckgußrahmen gibt es bei der S 423 keine grundsätzlichen Veränderungen. Mit dem kombinierten Rohrdruckguß-Rückgratrahmen wird ein neuer Weg im Mopedbau beschritten. Unter dem Druck von einigen 100 Atmosphären wird die hochwertige Leichtmetallegierung um das Tragrohr gegossen. Gußstück und Tragrohr bilden so die maßgenaue Einheit der Karosse. Diese trägt den Motor, den Sitz, die Schutzbleche, den Gepäckträger, die Federbeine, das Werkzeug und die Luftpumpe. Das neue Modell beschränkt sich auf konstruktive Verbesserungen im Detail. Durch eine veränderte Lenkgeometrie, deren Nachlauf länger geworden ist, bleibt das Fahrzeug spurtreuer. So ist eine Annäherung an die Fahrcharakteristik des Motorrades erreicht. Durch zusätzliche Anschaffungen kann der Komfort der S 423 weiter gesteigert werden: Beinschutz, Sitzbank, Spezial-Gepäckträger und Packtaschen. Die Anschaffung einer Combinette S 423, die von 1956 bis 1958 gebaut wird, ist kein Problem: 12 Monatsraten sind möglich.

Combinette S 423 — 1957

Motor: Einzylinder - Zweitakt Zündapp, Bohrung 39 mm, Hub 41,8 mm, Hubraum 49 ccm, Dauerleistung 1,5 PS bei 4200 U/min., Höchstdrehzahl 4500 U/min.

Vergaser: Bing-Schrägdüsenvergaser.

Elektrische Anlage: Noris-Schwunglichtmagnetzünder 17 W, Kerze Bosch W 190 M 11 S, Gewinde M 14.

Getriebe und Antrieb: 2 Gänge, Drehgriffschaltung, Dreischeiben-Trockenkupplung, Gangabstufung 1:23,3, 1:16,1, Sekundärkette ½ x ³⁄₁₆.

Rahmen: Rohr - Rückgrat - Rahmen, Schwinggabel, Hinterradschwinge mit Federbeinen.

Bereifung: v. und h. 23 x 2,25, Reifendruck v. 1,2 — h. 1,8.

Bremsen: Vollnaben - Innenbackenbremsen 90 mm ø.

Tankinhalt: 7,3 Ltr. mit Reserve. Gemisch 1 : 25.

Verbrauch: Normverbrauch ca. 1,5 Ltr./100 km.

Preis: DM 670,—.

Steuer: frei.

Versicherung: DM 16,— p. J.

Combinette S Typ 423

Super Combinette 429 — 1958

Motor: Einzylinder-Zweitakt Zündapp, Bohrung 39 mm, Hub 41,8 mm, Hubraum 49 mm, Dauerleistung 1,6 PS bei 4800 U/min.

Vergaser: Bing 1/9,5.

Elektrische Anlage: Bosch-Schwunglichtmagnetzünder 6 Volt, 17 Watt, Zündkerze Bosch W 175 T 1 oder Beru 175/14 u 2.

Getriebe und Antrieb: 3 Gänge, Drehgriffschaltung, 3-Scheiben-Ölbadkupplung, Gesamtuntersetzung: 1. Gang 1:36,5, 2. Gang 1:21,8, 3. Gang 1:14,2. Gliederkette 1/2" x 3/16".

Fahrgestell: Rohr - Rückgratrahmen, zweifarbig lackiert, Vorderradschwinge (einstellbar je nach Belastung), Hinterradschwinge (elastische Hubbegrenzung), doppelte Federbeinpaare, abschaltbar, Vollnaben-Innenbacken-Bremsen 120 mm ∅ in Vorder- und Hinterrad.

Bereifung: v. und h. 23"x2,5", Reifendruck v. 1,2, h. 1,8 atü.

Tankinhalt: 7,3 l, Reserve 0,5 l, Gemisch 1 : 25.

Verbrauch: Normverbrauch ca. 1,1 l/100 km.

Preis: DM 795,— (Ausführung mit Sattel).

Steuer: frei.

Versicherung: DM 16,— p. J.

Combinette Typ 428

Combinette 428
Super Combinette 429

Diese Modelle lösen 1958 die S 423 ab. Zunächst sind beide Mopeds mit 1,6 PS lieferbar, dann wird die Leistung auf 2 PS erhöht und 1960 sind sogar 2,6 PS möglich. Die 428 ist mit zwei Gängen ausgestattet. Anstelle des Planetengetriebes ist jetzt ein Ziehkeilgetriebe eingebaut. Die 429 verfügt über ein Dreigang-Ziehkeilgetriebe und wird hinten mit vier Federbeinen abgefedert, wobei das zweite Federbeinpaar bei Bedarf zugeschaltet werden kann. Wie bei der S 423 ist der Werkzeugkasten bei den neuen Modellen in den Druckgußrahmen hineinverlegt. Durch die gitterförmige Verkleidung kann man die Einstellung der Leerlaufschraube des Vergasers vornehmen. Bei der 428 von 1958 gibt es wahlweise Schwingsattel oder Solositzbank und die Anbaumöglichkeit für das Beinschild. Die einfarbige Ausführung wird in firnblau geliefert, bei der zweifarbigen Version werden vier Möglichkeiten angeboten: golfblau-alabastergrau, derbyrot-alabastergrau, saharagelb-alabastergrau, schwarz-alabastergrau. Bei der 429 ist auch eine Doppelsitzbank zu bekommen und ab 1960 ist die Supercombinette mit einem Schlußlicht verschönert, das karosseriemäßig ausgebildet ist und die Gesamtoptik verbessert. Die Supercombinette ist bei Zündapp das Spitzenmodell der ausgehenden fünfziger Jahre. Sie wird ab 1960 als Typ 433 auch mit Gebläsekühlung gebaut. Die Combinette gehört zu den erfolgreichsten deutschen Mopeds. Sie wird nicht nur in ganz Europa angeboten, sondern auch nach Übersee exportiert.

Combinette Typ 428

Super-Combinette von 1960

Super Combinette	1961
Motor: Einzylinder-Zweitakt Zündapp, Bohrung 39 mm, Hub 41,8 mm, Hubraum 49 mm, Dauerleistung 2,6 bei 4500 U/min.	lastung), Hinterradschwinge (elastische Hubbegrenzung), doppelte Federbeinpaare, abschaltbar, Vollnaben-Innenbacken-Bremsen 120 mm Ø in Vorder- und Hinterrad.
Elektrische Anlage: Bosch-Schwunglichtmagnetzünder 6 V, 18 W, Zündkerze Bosch W 175 T 1, Beru 175/14 u 2, Champion L 86.	**Bereifung:** v. und h. 21-2,75, Reifendruck v. 1,2, h. 1,8 atü.
Getriebe und Antrieb: 3 Gänge, Drehgriffschaltung, 3-Scheiben-Ölbadkupplung, Gesamtuntersetzung: 1. Gang 1:36,5, 2. Gang 1:21,8, 3. Gang 1:14,2. Gliederkette 1/2" x 3/16".	**Tankinhalt:** 7,7 l, Reserve 0,5 l, Gemisch 1:25.
Fahrwerk: Rohr-Rückgratrahmen, zweifarbig lackiert, Vorderradschwinge (einstellbar je nach Be-	**Verbrauch:** Normverbrauch ca. 1,5 l/100 km. **Preis:** DM 873,—. **Steuer:** frei. **Versicherung:** DM 20,—.

Combinette Typ 428

Combinette-Motor von 1958

Falconette

Kein Moped mehr, sondern ein Kleinstkraftrad ist die Falconette, die bei Zündapp ab 1957 angeboten wird. Bei gleichbleibendem Hubraum von 49,9 ccm wird die Leistung von 2,3 PS (1957) auf 4,3 PS (1961) gesteigert. Laut Zündapp bietet die Falconette die Vorzüge eines ausgereiften, leistungsstarken Kleinkraftrades. Sie gilt als sportlich, kann mit Solo- oder Soziussitz bestellt werden und zeichnet sich durch eine ausgezeichnete Straßenlage und starke Bremsen aus. Die Falconette ist auf Autobahnen zugelassen und verfügt über eine Dreigang-Fußschaltung (ab 1961 Viergang).

Falconette Typ 435

Super-Combinette Typ 433

Falconette 425	1956
Motor: Luftgekühlter Einzylinder-Zweitakt, Bohrung 39 mm, Hub 41,8 mm, Verdichtung 1:6,8, Dauerleistung 2 PS bis 4500 U/min.	schwinggabel vorn, Hinterradschwinge mit doppelten Federbeinen.
Vergaser: Bing-Schrägdüsenvergaser.	**Bereifung:** v. und h. 23 x 2,50.
Elektrische Anlage: Noris-Schwunglichtmagnetzünder 17 W, Kerze 175, Gewinde 14 mm.	**Bremsen:** Vollnaben-Innenbackenbremsen 90 mm ø. **Tankinhalt:** 7,3 Ltr. mit Reserve. Gemisch 1:25. **Verbrauch:** Normverbrauch ca. 1,8 Ltr.
Getriebe und Antrieb: 3 Gänge, Fußschaltung, Mehrscheibenkupplung im Ölbad, Gangabstufung 1:11, 1:7,2, 1:4,65, Gesamtübersetzung im großen Gang 1:13,6.	**Höchstgeschwindigkeit:** ca. 60 km/h. **Zul. Gesamtgewicht:** 174 kg.
Rahmen: Einrohrrahmen, Kurzarm-	**Steuer:** DM 8,— jährlich. **Versicherung:** DM 16,— p. J.

Zwei Zündapp-Maschinen der sechziger Jahre: Links im Bild das „Allround-Moped M 50" mit tiefem Durchstieg, 50-ccm-Gebläsemotor, 2,5 PS, Pedalkickstart, zwei Gängen und Allradfederung. Rechts ist das Sozius-Mokick „Super-Combinette" abgebildet, daß mit Kickstarter und Dreiganggetriebe ausgestattet ist. Beide Fahrzeuge dürfen ab 16 Jahren und mit Führerschein Klasse 5 gefahren werden.

Die NSU-Werke können aus den Unterlagen ihrer Verkaufsorganisation genau die altersmäßige Zusammensetzung der Käuferschicht für ihre Produkte nachweisen. Danach ergibt sich zum Beispiel, daß das Moped Quickly zu 44% an die jugendliche Käuferschicht geht, deren Alter zwischen 16 und 25 Jahren liegt. 20% machen die Käufer zwischen 26 und 35 Jahren aus, 17% entfallen auf die Altersklasse 36 bis 45 Jahre. Immerhin noch 14% entfallen auf die 45- bis 55jährigen, und 5% aller Käufer sind über 56 Jahre alt.

Bei den hier aufgeführten Mopedmarken handelt es sich um Hersteller, denen meist eine ausschließlich regionale Bedeutung zukommt, die aber gleichwohl erwähnt sein sollen. Außerdem sind hier solche Marken aufgeführt, die Mopeds nur in geringem Umfang herstellten oder den vorgegebenen Zeitraum (die fünfziger Jahre) allenfalls streifen.

Adler

Das Frankfurter Werk, das schon um die Jahrhundertwende Motorräder baut und im Automobilbau auf eine große Tradition verweisen kann, macht im Motorradbereich nach dem Zweiten Weltkrieg auf sich aufmerksam: Die M 100 mit einer eigenwilligen Schwinghebelfederung ist eine völlig neue Konstruktion. Als Adler 1957 über Triumph von Grundig erworben wird, bildet sich eine Moped-Dreiergemeinschaft von Triumph, Hercules und Adler mit dem Ergebnis, daß bei Hercules gebaute Mopeds auch unter der Bezeichnung Adler angeboten werden. Es handelt sich um die Typen Adler-Export und Adler-Sport, beide mit Sachs-Motor ausgestattet, den man wahlweise mit Zwei- oder Dreiganggetriebe bekommen kann.

Amor

Von der Fahrzeug- und Motorenbaufirma Alfons Mohr in Hausen bei Mayen (Nettetal) wird 1958 ein Sportmoped unter der Bezeichnung Amor-Special angeboten. Als Triebwerk ist der Ilo-Piano mit drei Gängen eingebaut. Der Preßrahmen wird ergänzt durch eine Teleskopgabel, die sehr sportlich wirkt und einen ausreichenden Federweg aufweist. Die Hinterschwinge verfügt über kräftige, langhubige Federbeine. In Sportrot wird das schicke Gefährt geliefert, dessen Tank in Perlgrau abgesetzt ist.

ASB-Moped KA 300

Beckmann

Die ASB (Arbeitsgemeinschaft Schulz-Beckmann) in Bielefeld bringt 1953 neben dem bekannteren ASB-Kleinroller auch ein ASB-Moped auf den Markt, das mit dem Zündapp-Combimot KM 48 ausgerüstet ist. Als Modell KA 300 ist dieses Moped mit Kettenantrieb zu haben, und die Ausführung mit Keilriemenantrieb nennt sich RA 220. Ein kräftiger Doppelrohrrahmen wird geboten und eine Vorderradfedergabel. Auffallend groß ist die Farbauswahl: Pastell-Iris, Grün-Silber, Azurblau, Havannabraun und Edelschwarz stehen zur Wahl.

Bitter

Postillion nennen die Bitter-Werke ihre Mopeds, die in der zweiten Hälfte der fünfziger Jahre erscheinen. Die Postillion-Luxus ist mit einem Zweigang-Sachs-Motor ausgerüstet und kommt 1957 heraus. Ein Jahr später folgt die Postillion-Sozius mit einem Dreigang-Sachs-Motor und Preßstahlrahmen.

Brennabor

Die für den Automobilbau bekannten Brennabor-Werke in Brandenburg stellen bereits 1901 Motorräder her. Nach dem Zweiten Weltkrieg wird eine erneute Produktion unter der Bezeichnung Brennabor in Hamburg aufgenommen und 1952 die Fertigung nach Schötmar (Bad Salzuflen) verlegt. Dort werden Mopeds mit Einrohrrahmen und Ilo- oder Zündapp-Motoren angeboten. Hauptsächlich aber befaßt sich Brennabor in Schötmar mit Herstellung und Vertrieb von Landfahrzeugen, Kinderwagen und Autozubehör. 1962 übernimmt die Fahrradfabrik Sudbrack, die ebenfalls in Schötmar ansässig ist, die Firma Brennabor.

Brüsselbach

Zwischen 490 und 625 DM kosten die Brüsselbach-Mopeds, die 1956 angeboten werden. Vier Versionen stehen zur Wahl: Standard, Touren, Luxus und Sport. Alle werden mit zweigängigen Ilo- oder Sachs-Motoren ausgestattet. Die beiden zuerst genannten Mopeds verfügen über einen Einrohrrahmen und Schwinghebelgabel vorn. Teleskopfederung hinten gibt es auf Wunsch, ebenso ein Dreiganggetriebe. Die Luxus ist mit Preßstahlrahmen und hinterer Schwingarmfederung versehen und ebenfalls mit drei Gängen erhältlich. Die Sport schließlich ist mit einem Doppelrohrrahmen, Sitzbank und großem 8,5-Liter-Tank gebaut.

Ceres

Mit einem patentrechtlich geschützten Leichtmetallgußrahmen ist das Moped des Ceres-Motorenwerkes Winter in Nürnberg ausgestattet. Für 640 DM werden außerdem eine Triebsatzschwinge, Teleskopgabel und der Ilo-Piano-Motor mit zwei Gängen geboten. Die genaue Bezeichnung des Ceres-Mopeds, das 1956 angeboten wird: CMN IV/TS.

Ceres CMN IV/TS

Cito

Die für Fahrräder bekannten Cito-Werke in Köln präsentieren 1957 das Cito-Sportmoped „DM 56 S" mit einem vollverkleideten Dreieckrohrrahmen, Triebsatzschwinge und Federbeinen hinten und vorne mit der eigenen Schwinggabel mit Triebsatzschwinge. Der Büffeltank faßt 8,5 Liter, alle Blankteile sind verchromt, und die Lackierung ist schwarz-rot. Bei den Motoren kann man zwischen dem Sachs 50 K oder dem Ilo-Piano wählen, jeweils mit zwei oder drei Gängen.

Cito DM 56 S

Dahlhelm

Zwei Mopeds mit Ilo-Motoren werden Mitte der fünfziger Jahre von Dahlhelm angeboten. Eines mit Eingang- und eines mit Zweiganggetriebe. Beide Typen weisen einen Einrohrrahmen, eine Teleskopgabel und 26er Reifen auf.

Delius

Mit einem 48,8-ccm-Mota-Motor ist das Delius-Moped ausgerüstet, das 1953 von der Firma Delius-Fahrzeugbau Fritsche in Knetterheide/Lippe offeriert wird. Das schlichte Gefährt für 498 DM verfügt über einen Einrohrtankrahmen und kann auch mit dem Zündapp-Combimot bestellt werden.

Doppelrad

Silberpfeil heißt das Doppelradmoped, das 1955 für 569 DM auf dem Markt ist. Es wird von einem Eingang-Sachs-Motor angetrieben und einem Einrohrrahmen getragen. Vorn sorgt eine Teleskopgabel für die Federung des Mopeds mit 26er Reifen.

Dreistern-Kuli von 1955

Dreistern

Das erste Moped der Bielefelder Fahrradfabrik Hans Schulte ist mit einem Sachs-Motor, Doppelrohrrahmen, Vorderradfedergabel und Innenbackenbremsen vorn und hinten ausgerüstet und kommt 1954 auf den Markt. 1955 folgt ein Tankrohrrahmenmodell mit Teleskopgabel und Zweiganggetriebe und läuft jetzt unter der Bezeichnung Dreistern-Kuli. Noch im gleichen Jahr wird aus optischen Gründen ein „richtiger" Mopedtank (Satteltank) auf den Rohrrahmen montiert und der Preis auf 585 DM festgelegt.

Drewer

Die Fahrzeugbaufirma Drewer in Bielefeld bringt 1954 ihr sogenanntes Sachs-Moped heraus, das einen Doppelrohrrahmen, eine Teleskopvordergabel und Innenbackenbremsen vorn und hinten vorzeigen kann. Der Tank des 33-kg-Mopeds faßt 3,3 Liter.

Ems

Mit Ilo-, Zündapp- oder Sachs-Motor sind die Mopeds der Ems-Fahrradwerke lieferbar, die 1954 auf dem Markt sind. Variationen gibt es reichlich bei Ems. So kann man zwischen 26er und 23er Bereifung wählen, und neben der Ideal-Federgabel ist auch eine Teleskopfedergabel mit angebautem Lampenhalter zu bekommen. Außer den lackierten Felgen sind verchromte im Programm oder auch Leichtmetallfelgen. Gemeinsam haben alle Modelle die Einrohrkonstruktion und die tiefe Schwerpunktlage des Motors.

Ems-Moped

Ebenfalls 1954 wird ein Ems-Moped-Gepäckrad angeboten, das über einen verstärkten Rahmen und einen Rohrgepäckträger mit Aufstellvorrichtung verfügt. Interessant sind das serienmäßige Reklameschild zwischen Ober- und Unterrohr und die Anbringung des Scheinwerfers: Bei hochgeklapptem Gepäckträger tritt er an die übliche Position.

Ems-Moped-Gepäckrad

FMR

Daß in Regensburg bei der FMR (Fahrzeug- und Maschinenbau GmbH, früher Messerschmitt) der Kabinenroller gebaut wird, ist bekannt. Weniger bekannt dürfte sein, daß FMR 1958 ein Liefermoped Mokuli auf den Markt bringt. Es verfügt über einen einfachen Rohrgerüstaufbau, den gebläsegekühlten Sachs-Motor, eine direkte Lenkung und einzeln aufgehängte Vorderräder mit Schraubenfederung.

FMR Mokuli

Geier

Die Geier-Fahrradwerke Ernst Upmeier in Lengerich/Westfalen geben Mitte der fünfziger Jahre ein Moped mit Zweigang-Sachs-Motor heraus, das sie Adjutant nennen. Dieses Geier-Moped mit Einrohrrahmen und Pendelgabel wird 1955 für 580 DM verkauft. Geier liefert auch das Neckermann-Moped.

Goldberg

Der Mopedbau beginnt bei den Fahrradwerken Goldberg in Köln 1954 mit einem Rohrrahmenmoped, das mit Sachs- oder Ilo-Motor geliefert wird. 1955 folgt das Goldrad 55 S mit einem Zweigang-Sachs-Motor und Pendelgabel. Das Goldrad 56 S von 1956 ist auf Wunsch mit Teleskopgabel, Hinterradfederung und Vollnaben lieferbar. Das Goldrad 57, ebenfalls mit Zweigang-Sachs-Motor, ist mit einem Preßstahlschalenrahmen und serienmäßig mit Teleskopgabel, Hinterradschwinge, Leichtmetallfelgen und Weißwandreifen ausgerüstet. Später folgt noch ein Sportmoped mit 1,6-PS-Motor, drei Gängen und 10,8-Liter-Büffeltank.

Goldrad 57

Hanke & Warnecke

Das Moped Helius, das beim Bremer Fahrzeugbau Hanke & Warnecke gebaut wird, hat an der Hinterradschwinge die obere Gabel beibehalten, auf die sich über einen auf Druck und Schub beanspruchten Hohlkegel aus Gummi das Fahrzeug abstützt. Vorne sorgt eine Teleskopgabel für Federung des Zentralrohrrahmenmopeds mit Ilo-Motor.

Helius 50 von 1954

Heitmann & Wittler

Die noch heute existierende Maschinenfabrik in Steinhagen/Westfalen bietet 1954/55 ein formschönes Einrohrrahmenmoped in Zweifarbenlackierung an. Der Käufer kann zwischen einem Sachs- und Ilo-Motor wählen.

Heitmann & Wittler-Moped

Hexe

Die Hexe ist ein Produkt der Duisburger Fahrzeugfabrik Carl Amelung und präsentiert Ende der fünfziger Jahre ein Luxus-Touren-Modell sowie ein Super-Sport-Modell, beide mit Sachs-Motor, wahlweise mit zwei oder drei Gängen. Der Stahlpreßrahmen der „Hexen" wird durch eine Hinterrad-Teleskopfederung und eine Teleskopvordergabel ergänzt. Die Super-Ballonreifen erhalten Sachs-Vollnabenbremsen vorn und hinten. Rahmen, Scheinwerfer und Kettenkasten sind verkleidet. Das Sportmodell verfügt über einen großvolumigen 10,8-Liter-Büffeltank.

Hexe Luxus-Touren-Modell

Horex

Ein betont sportliches Moped mit Knieschlußsitzposition bringt die berühmte Motorradfabrik Horex aus Bad Homburg 1957 heraus. Die Rebell hat einen Sachs-Motor mit wahlweise zwei oder drei Gängen, einen elektrisch geschweißten Einrohr-Schalen-Kombinationsrahmen, eine Hinterradschwinge mit ölgedämpften Federbeinen, eine Vordergabel mit Langhub-Federbeinschwinge, einen geschlossenen Kettenkasten und einen 9-Liter-Tank. Die Lackierung: pastellblau mit lichtgrauem Tank.

Horex Rebell

Kalkhoff

Mitte der fünfziger Jahre gibt es bei den Kalkhoff-Werken in Cloppenburg ein Einrohrrahmenmoped mit Vorderradfedergabel und Innenbackenbremsen vorn und hinten. Der Typ KM 50 I ist mit einem Eingang-Ilo-Motor ausgerüstet und der Typ KM 50 S mit dem Zweigang-Sachs.

KaWe

Die Fahrzeugwerke KaWe, die eigentlich für den Bau von Fahrrad- und Mopedanhängern zuständig sind, bringen ein „Invaliden-Dreirad-Moped" auf den Markt, das von einem Sachs-Motor angetrieben wird. Das Fahrgestell ist aus stabilem, schwarz lackiertem Stahlrohr hergestellt und wird von 23er Bereifung in Gang gesetzt.

KaWe „Invaliden-Dreiradmoped"

Küchen

Für 260 DM gibt es bei dem Motorhersteller Küchen in Ingolstadt einen luftgekühlten Einzylinder-Zweitaktmotor mit 38 ccm Hubraum, 0,95 PS bei 5500 U/min., Verdichtung 1:6,5, Antrieb über Ritzel und Innenverzahnung, 2-Liter-Tank, 1,3 Liter Verbrauch, 35 km/h Höchstgeschwindigkeit, 8% Steigfähigkeit und 8 kg Gewicht. Der Einbaumotor wird etwa bis 1955 angeboten.

Lohmann

Der Einbaumotor der Lohmann-Werke in Bielefeld mit der Bezeichnung 500/53 ist ein luftgekühlter Zweitaktmotor mit nur 18 ccm Hubraum. Seine weiteren Daten: Verdichtung veränderlich bis 1:25, 0,75 PS bei 6000 U/min., Antrieb über Reibrolle aus Spezialgummi auf das Hinterrad, 1,7-Liter-Tank, 0,75 Liter Verbrauch, 7% Steigfähigkeit, 6 kg Gewicht und der Preis: 198 DM.

Metzger & Schlegel

Mit dem eigenen Mota-Mopedmotor P 50/1 sind die Metzger & Schlegel-Mopeds Motte I und Motte II ausgerüstet, die den deutschen Mopedmarkt Mitte der fünfziger Jahre bereichern. Der Mota-Motor hat ein festes Vorgelege und Lamellenkupplung. Die Tretkurbelwelle ist im Gehäuseblock eingebaut, steht aber mit dem Getriebe nicht in Verbindung. Die Kraftübertragung vom Motor auf die Vorgelegewelle geschieht durch Zahnräder, die einschließlich der Kupplung in einem auf der linken Motorseite liegenden Gehäuse im Ölbad laufen. Das Antriebskettenrad liegt hinter diesem Gehäuse. Der Leichtmetallzylinder besitzt eine Laufbuchse aus Spezialgrauguß. Weitere Daten des Zweizylindermotors mit 48,8 ccm Hubraum: 2 PS bei 5500 U/min., Eingang-getriebe, 6-Volt/3-Watt/18-Watt-Lichtanlage mit Schwungradlichtmagnet.

Die Motte verfügt über einen Tiefziehblechpreßrahmen und Feder- oder Teleskopgabel, 26er Reifen, 5,5-Liter-Tank, Innenbackenbremsen vorn und eine Rücktrittsbremsnabe hinten. Verbrauch des 36-kg-Mopeds: 1,8 Liter.

Motte I

M. O. N.

Die Maschinenfabrik Oberndorf-Neckar KG bringt 1953 den „Schwarzwälder Zwerg" auf den Markt. Er ist mit einem 50-ccm-Rex-Motor, Riemenantrieb und Satteltank ausgerüstet.

Monachia

Mitte der fünfziger Jahre bringt Monachia zwei Rohrrahmenmopeds auf den Markt. Das eine ist mit einem Eingang-Zündapp-Motor, das andere mit dem Zweigang-Sachs ausgerüstet. Beide verfügen über eine Telegabel vorn, 26er Bereifung, 5-Liter-Tank und werden für 475 bzw. 495 DM angeboten.

Nordap

Die Firma Nordap-Kraftfahrzeuge in Ladenburg am Neckar bietet einen luftgekühlten Zweitakt-Einbaumotor an, der einen Hubraum von 32 ccm aufweist. Weitere Daten: 0,9 PS bei 5200 U/min., Pallas-Vergaser mit automatischer Startvorrichtung, Vorderradantrieb über Stirnverzahnung, 2,3-Liter-Tank, 1,5 Liter Verbrauch, 6-7% Steigfähigkeit und 7 kg Gewicht. Der Preis des Nabenmotors: 270 DM.

Patria

Zunächst heißt die Firma Weyersberg, Kirschbaum & Cie., daraus wird Patria W. K. C. Fahrzeugbau GmbH, und die ersten Motorräder werden bei der Solinger Firma Mitte der zwanziger Jahre gebaut. Nach dem Krieg gibt es außer Fahrrädern bei Patria wieder Motorräder, deren Produktion bereits 1952 eingestellt wird. Mitte der fünfziger Jahre taucht der Name Patria WKC bei Mopeds auf, die von der

Firma Stutenbäumer & Otten in Beckum angeboten werden. „Das Moped von Format", wie es in der Werbung heißt, gibt es mit Einganggetrieben von Zündapp und Ilo und Zweigangmotor von Sachs. Das Einrohrrahmenmoped verfügt über eine Teleskopfedergabel und 23er Reifen. Gleichzeitig gibt es ein Patria-Transportmoped mit Sachs-Motor, das vorne mit 20er und hinten mit 23er Bereifung ausgestattet ist und über dem Vorderrad einen Gepäckträger mit Ständer aufweist.

Permo

Die Permo-Werke in Holzhausen am Ammersee bauen 1953/54 ein Moped, das mit dem 39-ccm-Victoria-Motor angetrieben wird, der 1 PS bei 5150 U/min. leistet und über ein Zweiganggetriebe verfügt.

Präfana

Einen 16-ccm-Zweitaktmotor gibt es bis Mitte der fünfziger Jahre bei Präfana. Der Einbaumotor leistet 0,25 PS bei 6000 U/min.

Rapier

Die Bielefelder Fahrradfabrik Rapier, die u. a. Fahrgestellieferant für Lutz-Mopeds ist, bringt 1953/54 ein eigenes Tankrohrmoped heraus, das unter der Bezeichnung Rapier RE 53 läuft. Es ist mit Zündapp- oder Sachsmotor zu haben.

Rolifix-Dreirad-Lastenmoped

Rolifix

Ein Dreirad-Lastenmoped mit Allradbremsen und 47-ccm-Sachs-Motor wird 1958 von Alfons Lipp in Frankfurt hergestellt. Das zulässige Gesamtgewicht beträgt 250 kg (Leergewicht 75 kg). Vorne sind 20er Reifen und hinten ein 23er montiert. Die Normalausführung wird mit offener Ladepritsche, Bodenplatte und Stahlrohrumrandung angeboten. Gegen Aufpreis von 130 DM liefert Lipp einen Ladekasten in Stahlblech mit Deckel und Schloß (103 x 54 x 45 cm). Das Rolifix kann in seinem stabilen Fahrgestell auch einen 100-ccm-Motor aufnehmen.

Schminke-Mentor mit Zweirohrrahmen

Schminke

Orion, Mentor und Forelle heißen die Mopeds, die bei den Fahrradwerken Schminke in Bad Wildungen gebaut werden. Die Orion gibt es 1953 und 1954 mit Eingang-Ilo-Motor für 499 DM und mit Zweigang-Sachs-Motor für 569 DM. Die Mentor wird von 1953 bis 1955 angeboten und ist in ihrer einfachsten Ausführung mit Eingang-Ilo-Motor, Zweirohrrahmen und Federgabel schon für 397 DM zu haben. Die Mentor mit Zweigang-Sachs-Motor kostet 1954 bereits 569 DM und bietet dafür einen Einrohrrahmen, Bremstrommelnaben vorn und hinten und eine Teleskopgabel. Die Ausführung mit dem Ilo-Motor FP 50 wird bei Schminke zur gleichen Zeit für 449 DM angeboten, wobei eine Teleskopgabel gegen Aufpreis lieferbar ist. 1955 wird die Mentor optisch durch Seitenverkleidungen der Reifen verfeinert und ist jetzt auch mit dem Ilo G 50 mit Zweiganggetriebe im Handel. Mit Allradfederung und Dreiganggetriebe präsentiert Schminke 1956 das neue Moped Forelle für 598 DM, und die Forelle-Sport, wahlweise mit Zwei- oder Dreiganggetriebe von Sachs ausgerüstet, wird 1958 für 698 DM angeboten.

Schürhoff

Die Gevelsberger Fabrik für Fahrräder und Fahrradteile, die noch heute Freilaufbremsnaben herstellt, baut nach dem Zweiten Weltkrieg auch Motorräder und Mopeds. Das erste Moped mit Fahrrad-Fahrgestell weist schon einen Satteltank auf und wird von dem Ilo FP 50 angetrieben. 1955 verwendet Schürhoff die ein- oder zweigängigen Motoren von Zündapp oder Ilo.

Der Typ Schürhoff G 50 mit dem Zweigang-Ilo-Motor, der mit einem Einrohrrahmen und Teleskopgabel ausgerüstet ist, wird 1955 für 595 DM angeboten.

Schürhoff G 50 von 1955

Sigurd

Die Kasseler Fabrik gehört zu den wenigen Mopedherstellern, die ausschließlich den zweigängigen Sachs-Motor verwenden. Die Sigurd-Sachs ist 1955/56 auf dem Markt. Der Zentralrohrrahmen wird durch eine Teleskopgabel ergänzt, und bei dem 56er Modell wird zusätzlich eine Hinterradschwinge mit Federbeinen geboten. Weitere Daten: 23er Reifen, Innenbackenbremsen, Vollnaben, 5-Liter-Tank, 35 kg Gewicht, Preis 598 DM (56er Typ) und 540 DM (55er Typ).

Sigurd Sachs 50 von 1956

Staiger

In der zweiten Hälfte der fünfziger Jahre sind die Staiger-Mopeds auf dem Markt, die eine eigenwillige Form aufweisen. Mit Blechpreßtankrahmen, Allradfederung und Zwei- oder Dreigangmotor von Sachs ist das Moped „Spurt" ausgerüstet, das mit Schwingsattel oder Sitzbank geliefert wird. Einrohrrahmen, Büffeltank und lange Sitzbank kennzeichnen das Staiger-Sportmoped, das die Bezeichnung Avanti trägt. Der „Feuervogel", ebenfalls als Sportmoped konstruiert, ist mit einem stabilen Preß-Sportrahmen, Teleskopgabel mit Lenkerhalterung vorn und Rohrschwinge mit zwei Federbeinen hinten ausgerüstet. Der Büffeltank faßt 9 Liter, die Schutzbleche sind extra breit, und die Doppelsitzbank ist farblich mit der rot-schwarzen Lackierung abgestimmt. Der Preis: 697 DM (1958).

Staiger Feuervogel

Stoewers Greif

Mit dem Markennamen der traditionsreichen Stettiner Automobilfabrik schmückt sich eine Mopedreihe, die Mitte der fünfziger Jahre über den Fahrradgroßhandel vertrieben wird. Hergestellt werden die Mopeds bei Falter in Bielefeld und sind mit den von Falter selbst angebotenen Typen identisch. Stoewer ist eine bekannte Automarke, die bis zum Ende des Zweiten Weltkrieges produziert. „Greif" heißt ein Pkw, der bei Stoewer von 1935 bis 1939 gebaut wird.

Stoewers Greif

Stricker

Die Fahrradfabrik Stricker in Brackwede bei Bielefeld bringt ein Moped auf den Markt, das von dem 48-ccm-Zündapp-Combimot angetrieben wird. Für 478 DM wird ein Stahlrohrrahmen geboten, der verstärkte Verbindungen aufweist, mit Vorderradgabelfederung, 26er Ballonbereifung und einem 3-Liter-Tank.

Stricker-Moped

Sudbrack

Besonders für Fahrradrahmen ist die Firma Sudbrack in Schötmar (Bad Salzuflen) bekannt, die 1953 das Moped Pfeil präsentiert. Dem von einem Fahrradfahrgestell gekennzeichneten Moped ist der Ilo-Motor FP 50 eingebaut. Die Vorderradfedergabel ist ein eigenes Fabrikat. Die zur Auswahl stehenden Farben sind Fischsilberrot, Fischsilberblau und Schwarz. Auf Wunsch ist das Sudbrack-Moped mit Tachometer und Wechselstromschnarre lieferbar. 1955 kommt das Zweigangmoped Sudbrack Sachs 50 hinzu, das 23er Bereifung aufweist, mit Rohrrahmen und Teleskopgabel ausgestattet ist und für 585 DM angeboten wird.

Sudbrack Pfeil

Sundermann

Drei Mopedtypen von Sundermann sind Mitte der fünfziger Jahre auf dem Markt. Sie verfügen über einen Einrohrrahmen, eine Teleskopgabel vorn und werden für 540 bzw. 565 DM angeboten. Die drei Modelle unterscheiden sich durch ihren Motor. Die Zündapp-Ausgabe ist mit einem Einganggetriebe und die Ilo- und Sachs-Version sind mit zwei Gängen ausgestattet.

Tornax

Die berühmten Motorradwerke in Wuppertal, die 1955 die Tore schließen, sind auch kurze Zeit mit einem Moped in der bundesdeutschen Zweiradszene vertreten. Das Tankrahmenmoped mit dem Ilo-Motor FP 50 ist mit einer kräftigen Teleskopgabel vorn gebaut, dagegen ist das Sitzrohr auffallend dünn.

Tornax-Moped

Tremonia

Unter dieser Bezeichnung gibt es Mitte der fünfziger Jahre bei der Dortmunder Großhandlung Walter Gräwe, die mit Fahrrädern, Motorrädern und elektrischen Artikeln handelt, ein formschönes Moped. Es ist wahlweise mit Ilo- oder Sachs-Motor lieferbar.

Tremonia-Moped

Varel

Die Motorenwerke Varel GmbH in Varel/Oldenburg bringen 1952 einen 43-ccm-Einbaumotor heraus, der bei Fahrrädern auf dem Vorderrad montiert wird. Der luftgekühlte Zweitakter leistet 1 PS bei 3000 U/min. und verfügt über einen schwimmerlosen Vergaser. Der Antrieb funktioniert mittels Reibrolle auf das Vorderrad. Der Tank faßt 2,5 Liter, der Verbrauch liegt bei 1,7 Liter. Der 9,3-kg-Motor erreicht eine Steigfähigkeit von 6 bis 7%, kostet 245 DM und nennt sich Flink. Varel stellt 1953 auch ein komplettes Moped mit Doppelrohrrahmen und Vorderradfedergabel vor, dem ein Einganggetriebe mit 1,2 PS eingebaut ist, das per Rollenkette das Hinterrad antreibt. Das 38-kg-Moped wird für 480 DM angeboten.

Varel-Einbaumotor

Vaterland

Direkt ab Fabrik bieten die bekannten Fahrradwerke in Neuenrade/Westfalen ihr „Sport-Moped" an. Ein Vertriebsweg, mit dem Vaterland in den dreißiger Jahren Erfolge verbuchen kann, als ein 100-ccm-Mofa auf diese Weise an den Mann bzw. die Frau gebracht wird. Ein Sportmoped, so wie man die schikken Gefährte der späten fünfziger Jahre kennt, ist das Vaterland-Moped nicht. Es handelt sich um ein schlichtes Fahrrad-Fahrgestell mit Doppelrohrrahmen, Schwingsattel, Satteltank und freiem Durchstieg.

Velo-Reinhold-Schwinge

Velo-Reinhold-Schwinge

Mit den bekannten Velo-Solex-Mopeds aus Frankreich ist dieses Produkt der Nürnberger Reinold-Werke nicht zu verwechseln. Es handelt sich hier um ein Moped mit Voll-Schwingrahmen, der eine eigene Voll-Schwinggabel aufweist. Ein formschöner 5-Liter-Tank wird geboten, tiefgezogene Schutzbleche mit Seitenverkleidung, Kettenschutz, und in den Scheinwerfer ist der Tacho eingebaut. Für den Antrieb sorgt der Ilo-Motor G 50. Vorder- und Hinterrad-Vollbremsnaben sind vorhanden, und die 23er Bereifung wird mit Leichtmetallfelgen geliefert. Der Preis des in Blau emaillierten Mopeds mit Metalleffekt: 615 DM.

Wanderer

Die für ihre Motorräder schon zu Beginn dieses Jahrhunderts bekannten Wanderer-Werke haben bis Kriegsende ihren Sitz in Siegmar-Schönau bei Chemnitz. Nach dem Zweiten Weltkrieg baut Wanderer in Haar bei München eine Werkzeugmaschinenproduktion auf, und man ist bestrebt, auch wieder im Zweiradgeschäft Marktanteile zu erringen. Weil in Haar jedoch nur Fräsmaschinen hergestellt werden, trifft Wanderer mit den Meisterwerken in Bielefeld und der Firma Brüsselbach eine Lizenzvereinbarung, wonach die von Wanderer direkt vertriebenen Fahrräder und Mopeds von diesen Firmen gebaut werden. 1957 gibt Wanderer das Zweiradgeschäft auf und konzentriert sich auf die Werkzeugmaschinenproduktion, die noch heute erfolgreich betrieben wird.

Das erste Wanderer-Moped ist schon 1953 da. Unter der schlichten Bezeichnung MF 1 wird ein Stahlrohrrahmenmoped mit verstärkter Federgabel und dem Ilo FP 50 angeboten. Wie 1953 üblich, ist auch das Wanderer-Moped mit 26er Bereifung gebaut, wirkt durch den Satteltank, den Kettenschutz und die breiten Vorderradschutzbleche aber schon mopedmäßig. Das 55er Modell ist gekennzeichnet durch den neuen, modernen Einrohrrahmen. Drei Motorvariationen stehen zur Wahl: die Wanderer J 1 mit dem Ilo FP 50 mit einem Gang, die Wanderer J 2 mit dem Ilo G 50 mit zwei Gängen und schließlich die Wanderer S 1 mit dem Sachs-Zweigangmotor. Als Farbe wird ausschließlich Wanderergrün angeboten. Die Preise bewegen sich zwischen 567 DM und 609 DM.

Wanderer-Moped

Windt

Die Fahrradfabrik Fritz Windt in Lage/Lippe verhält sich Mitte der fünfziger Jahre nicht anders als die meisten Fahrradhersteller: man steigt in das vielversprechende Mopedgeschäft ein. Das Windt-Moped W 50 kann sich sehen lassen. Es ist mit einer stabilen Leichtmetall-Teleskopgabel ausgestattet, verfügt über einen Einrohrrahmen und eine Bremstrommelnabe vorn sowie eine Freilaufbremse hinten. Zunächst wird es mit dem Ilo FP 50, später auch mit dem Sachs 50 gebaut. Der Preis ist mit 550 DM angegeben, und als Farben stehen Rot, Schwarz und Olivgrün zur Auswahl.

Windt W 50

Wittekind

Auch Wittekind in Herford ist ein Fahrradhersteller, der seine Mopedproduktion 1953 mit einem Fahrrad mit Hilfsmotor beginnt. Die Typen Wittekind Ilo 50 und Wittekind Zündapp, die Mitte der fünfziger Jahre zu haben sind, weisen bereits in der Bezeichnung den Motorhersteller aus. Das Fahrgestell besteht aus geschweißtem Spezial-Einrohrrahmen und einfachen Federgabeln. 23er Reifen mit Volltrommelbremsnabe vorn und Rücktrittnabe hinten, einen 5,5-Liter-Tank und Kettenverkleidung bieten die Herforder dem Mopedkunden, der 586 DM für die Ilo- und 596 DM für die Zündapp-Version ausgeben muß.

Wittekind Zündapp

Wittler

Noch heute existiert die Maschinenfabrik Gebr. Wittler in Bielefeld, die bereits 1903 gegründet wird und besonders im Fahrradbau zu großem Ansehen gelangt. Stabile Transport- und „Invaliden-Dreiräder" mit dem Flink-Motor 38 M gehören zum Programm, und das Fahrrad mit Hilfsmotor, das den Namen Primus erhält, ist mit einem 48-ccm-Ilo- oder einem 18-ccm-Lohmann-Motor zu haben.

Wittler „Invaliden-Dreirad"

„Richtige" Mopeds mit Zweigang-Sachs-Motor werden von 1954 bis 1956 angeboten. Der formschöne Zentralrohrrahmen wird durch eine Teleskopgabel ergänzt, der Satteltank faßt 5,3 Liter, und die 23er Bereifung verfügt über Bremstrommelnaben vorn und hinten. Der Preis: 588 DM (1955).

Wittler Sachs 50

Zweirad-Union

Ein Zusammenschluß der berühmten Marken Victoria, DKW und Express führt 1958 zu der Gründung der Zweirad-Union mit Sitz in den modernen Victoria-Werken. Gleichzeitig wird die Produktion der größeren Motorräder eingestellt, und man konzentriert sich auf die Produktion von Leichtkrafträdern und Mopeds, die mit den renommierten Markennamen angeboten werden (siehe auch unter Victoria, DKW, Express und Hercules).

n den sechziger Jahren wird das Moped von den Mokicks und Kleinkrafträdern weitgehend verdrängt. Hier ist die DKW-Hummel 166 abgebildet, die von der Zweirad-Union als Mokick mit 2,6 PS und vier Gängen und als Kleinkraftrad mit 4,6 PS und fünf Gängen angeboten wird.

Abbildungen stellten zur Verfügung:

Verband der Fahrrad- und Motorradindustrie, Herr Allenberg, Bad Soden; Autopress, Frau Zartmann, Neckarsulm; Nürnberger Hercules-Werke, Herr Handke, Nürnberg; Dürkopp-Werke, Frau Löhr, Bielefeld; Exclusive Oldtimer-Fotografien, Herr Lintelmann, Espelkamp; Ullstein Bilderdienst, Berlin; Udo Hönicke, Frankfurt; August Wurring, Düsseldorf-Breitscheid; Herr Bernd Regenberg, Haltern; Heidemann-Werke, Einbek; Ilo Motorenwerke GmbH, Pinneberg; Miele-Werke, Gütersloh; Rabeneick-Werke, Bielefeld-Brackwede; Herr Karlheinz Maier, Neuhofen; Heitmann & Wittler, Steinhagen; Schürhoff & Co., Gevelsberg; Herr Sudbrack, Bad Salzuflen; Wanderer-Werke, Haar bei München; Gebr. Wittler, Bielefeld; Archiv Podszun-Motorbücher, Brilon; Fichtel & Sachs AG, Schweinfurt; Herr Brake, Hövelhof; Gilde-Fachverlag, Herr Schulz, Alfeld.

Der WK-Verlag Klaus Vollmar, Lagesche Straße 105, 4902 Bad Salzuflen 1, stellte sein umfangreiches Archiv zur Verfügung. In diesem Zusammenhang sei darauf hingewiesen, daß der WK-Verlag am An- und Verkauf von historischem Fotomaterial, Prospekten, Büchern, Plakaten und Reparatur- und Betriebsanleitungen interessiert ist. Auch Tausch ist möglich. Bereiche: Pkw, Zweiräder und Nutzfahrzeuge aller Art.

Besonderer Dank

für Unterstützung, Informationen und Unterlagen gilt dem Gilde-Fachverlag, Herrn Schulz, in Alfeld; dem Verband der Fahrrad- und Motorradindustrie, Herrn Allenberg, in Bad Soden; der Stadtbücherei Brilon, Frau Diemel; der Universitätsbibliothek in Oldenburg; Herrn Udo Hönicke in Frankfurt; Herrn Bernd Regenberg in Haltern sowie dem Rheinisch-Westfälischen Wirtschaftsarchiv in Köln.

Literaturverzeichnis

Lintelmann, Reinhard: Deutsche Roller und Kleinwagen der fünfziger Jahre, Brilon 1986; Windecker, C. O.: Deutsche Motorradtypen, Detmold 1983; Chronik des 20. Jahrhundert, Dortmund 1983; Sechzig Jahre Zündapp-Technik, München 1977; Trzebiatkowsky, H.: Motorräder, Motorroller, Mopeds, Gießen 1955; Tragatsch, Erwin: Motorräder 1884 bis 1971, Stuttgart 1985; Das Motorrad, verschiedene Ausgaben der fünfziger Jahre; Automobil- und Motorradchronik, verschiedene Ausgaben; Motor-Klassik, verschiedene Ausgaben; Markt für klassische Automobile und Motorräder, verschiedene Ausgaben; Podszun, Brigitte: Die deutschen Motorräder der Wirtschaftswunderzeit, Brilon 1985; Schneider, Peter: NSU 1873-1984, Stuttgart 1985; Roller & Kleinwagen, verschiedene Ausgaben; Lexikon der Kraftfahrt, Gütersloh 1953; Deutsche Motorräder, Motorroller und Mopeds, Stuttgart 1954; Thoelz, W.: Das Motorrad, Würzburg 1953; Rauch, Siegfried: DKW, Die Geschichte einer Marke, Stuttgart 1983; Dürkopp heute, Werkszeitschrift 1985; Miele, Porträt eines Unternehmens, Firmenschrift; Rad der Zeit, veschiedene Ausgaben, Autopress; Kraus/Heide: Rabeneick-Werke, Ansprache 1983; Das ist Hercules, Firmenschrift; Marten, Hermann: Moped-Handbuch, Bielefeld 1955; Das Moped, verschiedene Ausgaben; Der Motor-Katalog, verschiedene Ausgaben; Kraftfahrzeuge in Wort und Bild, Roller und Mopeds 1953.

ARAL
ARAL
ARAL 2T
Rauchen

Auf Zweirädern zum Rosenmontagszug: Karneval 1962

In gleicher Reihe erschienen:

Podszun, Brigitte:
DIE DEUTSCHEN AUTOS DER WIRTSCHAFTSWUNDERZEIT
Typen, Technik, Marken
144 Seiten, ISBN 3-923448-15-5

„Beschreibung aller Marken und Fahrzeuge von Auto-Union bis hin zum Messerschmitt-Tiger und dazu reichlich Bilder. Ein Buch, bei dem man viel Lesestoff für relativ wenig Geld bekommt."
SÜDDEUTSCHE ZEITUNG

Regenberg, Bernd:
DIE DEUTSCHEN LASTWAGEN DER WIRTSCHAFTSWUNDERZEIT
Band 1: Vom Dreiradlieferwagen zum Viereinhalbtonner
200 Seiten, ISBN 3-923448-18-X

„Gespickt mit einer Fülle von Originalfotos, Zeichnungen, Tabellen und informativen Textblöcken passieren 25 Marken Revue". AUTO MOTOR SPORT

Regenberg, Bernd:
DIE DEUTSCHEN LASTWAGEN DER WIRTSCHAFTSWUNDERZEIT
Band 2: Mittlere und schwere Fahrzeuge
320 Seiten, ISBN 3-923448-28-7

„Die schweren Laster, Sattelschlepper, Kran-, Tank- und Möbelwagen – ihnen hat Bernd Regenberg sein Buch gewidmet. Ein liebevoll zusammengestellter Wälzer von 320 Seiten mit 400 farbigen und schwarzweißen Abbildungen." AUTO Bild

Podszun, Brigitte:
DIE DEUTSCHEN MOTORRÄDER DER WIRTSCHAFTSWUNDERZEIT
Typen, Technik, Marken
120 Seiten, ISBN 3-923448-22-8

„Das Buch beschreibt in alphabetischer Reihenfolge alle Motorradproduzenten sowie ihre Produkte, die technischen Daten der Motorräder und die Firmenhistorien in Form kurzer Stories." AUTOKAUFMANN

Lintelmann, Reinhard:
DEUTSCHE ROLLER UND KLEINWAGEN DER FÜNFZIGER JAHRE
144 Seiten, ISBN 3-923448-25-2

„Insgesamt hat Lintelmann über 70 Marken alphabetisch sortiert und die Autos und Roller mit Hilfe von Original-Fotos liebevoll ins wohldosierte Rampenlicht gerückt. Das Buch macht Spaß."
AUTO MOTOR SPORT

Lintelmann, Reinhard:
DIE DEUTSCHEN AUTOS DER SECHZIGER JAHRE
Typen, Technik, Marken
144 Seiten, ISBN 3-923448-32-5

Das Buch vermittelt eine lückenlose Bestandsaufnahme aller populären wie unbekannten Personenwagen, die zwischen 1960 und 1970 in der Bundesrepublik hergestellt wurden. Es baut systematisch auf den Titel „Die deutschen Autos der Wirtschaftswunderzeit" auf und ist als Nachschlagewerk ebenso zu empfehlen wie als spannende Automobilgeschichte.